亞曼 —— 著
Yamana

亞曼的樸門講堂【2022增訂版】

Permaculture with Yamana

Design for Sustainable Living; Ensuring the Money You Mak[illegible] Planet

懶人[illegible]永續生活設計．賺對地球友善的錢

推薦序

照顧好地球的環境，也保護了自己健康

很早我就聽過「樸門」的生態農法，但是直到二〇一四年二月在東吳大學參加了「小獵犬工作坊」才當面認識亞曼，也進一步了解「樸門」的精神，以及亞曼十年來在這個領域熱情的付出。現在亞曼要將累積的寶貴經驗與大家分享，我十分的欣賞與佩服。

我們都知道全球氣候正在暖化，環境也在快速的惡化；我們也知道這是工業革命後沒有節制使用石化燃料，與人類貪婪掠奪地球有限資源的後果。但是我們卻沒有料到因全球暖化及環境惡化所帶來的後患，正以加速的方式威脅我們的生存。如果我們不即刻悔改回頭，可能在二〇五〇年就提前達到升高攝氏兩度的危險門檻。屆時氣候改變所帶來的衝擊，將是乾旱頻生、農作物大規模歉收、水資源嚴重缺乏，以及廣大沿海低窪地區因海水面的快速上升而相繼被淹沒。這個警訊我們不能輕忽，更不能置之不理。如果不審慎因應，我們這一代就會深嚐這些可怕的苦果。

今天世界的環境現況有如一個人患了癌症，情況當然十分危急。癌症不必然是絕症，但是要化解癌症帶來的不幸結果，一定要做到三件事：一、嚴肅認真的面對病情；二、採取有效的治療措施；三、要改變自己過去不當的生活方式與態度。對地球環境來說也是如此，我們首先要正確認識當前環境的危險現況，繼而推動各種因應與調適的行動策略來減緩或是扭轉環境的劣化，最後還要用全新的思維改變我們過去不當的生活方式。

「樸門」的三個基本的核心價值是：「照顧地球」、「照顧人類」、「分享資源」；推動的方式是以和諧積極的態度，實際可行又多元的生態農法，喚起大家對我們周圍環境的關心與認同，進而營造一個健康又永續的生活方式。這些理念與行動策略正是挽救地球環境的正確良方。

亞曼的新書告訴我們，環境保育不但是我們每個人應有的基本態度，也是要從身邊帶出來的實踐行動，更是我們惜福的美德。

我們照顧好地球的環境，也保護了自己健康，更改變了我們的命運。願讀者能從這本書中，不只是汲取新的觀念，活出新的生活，更能創造出我們優質的未來。

汪中和／中央研究院 地球科學研究所研究員

推薦序

一本讀者期盼的好書

認識亞曼先生（本名唐嚴漢）是一個很特別的經驗。

記得五年前到建國花市買花，看到亞曼先生的攤位賣的花是巧小又特別。當時他正在推廣一活動，就是顧客把花買回去，如把花養活且「傳宗接代」成功，則可把該花的「後代子孫」反賣給亞曼先生。我買了可以放置於室內的肉桂、歐薄荷、迷迭香等三小盆，共新台幣一百元；在給錢的同時，我好奇的問他如此作法如何能賺錢？為何有此很奇怪的推銷法？他告訴我，他正在推廣「樸門永續」（Permaculture）理念，希望藉由此活動讓大眾瞭解大自然的運作模式，再模仿其模式來設計庭園及生活，以尋求並建構人類和自然環境的平衡點。這是我第一次聽到有人對「樸門永續」做了如此清楚且明瞭的定義，這也是我與亞曼先生的第一次交會。

我在學校教的課程中，有一堂課是「氣候變遷與永續發展」，自那時起，幾乎每學期都會邀請亞曼先生到課堂中演講，每次演講內容均能引起學生熱烈迴響。亞曼先生也會帶自己種的有機米、蔬果或自製醬油，作為學生有獎問答禮物。我也曾安排師生到亞曼先生於陽明山之野蔓園（Yamana garden）樸門農場參觀，大家對亞曼先生的理念、勇氣與努力深感佩服。

亞曼先生是一位探索「真理與實踐」平衡的人，他常說「實踐是檢驗真理最好的方法」，在他全力推動「樸門」的核心理念與精神之同時，於二〇一一年曾發表過《生病可以自癒——樸門綠生活的建康自然養生之道》一書，在市場上深獲好評。現又完成《亞曼的樸門講堂》大著，相信又是一本讀者期盼的好書。

本書分為七個章節：第一章從樸門實踐談起，並以野蔓園為實例，帶領讀者先瞭解何謂「樸門」及「務農」的好處；第二章是敘述如何用五感去觀察、思考及設計，如何用最自然樸實的方法將「住家野趣化」；第三章則是揭示如何打造自己屋子為能呼吸的房子、如何蓋「好宅」、如何作天然食品；第四章是談到如何善用水資源，及將房子四周魔法變成「食物森林」；第五章是告訴讀者如何將鄉里構建成「幸福農場」，及培育好土壤；第六章是提示讀者如何創造效益的經濟作物區，及多樣性種植的重要性；第七章是曉示讀者要尊重大地、聆聽大地。

今年（二〇一五年）的夏天，因氣候變遷的影響，造成各地氣候變異，台灣六月氣溫也打破百年來的記錄。相信本書適時的發行，能給我們不同的省思與啟發；期待我們一同努力，讓我們的生活能回歸到與大自然最和諧的互動方式，且享受「衣沾不足惜，但使願無違。」的生活

張瑞剛／實踐大學博雅學部副教授

推薦序

見證以零資材費建構自給自足的小田園

二〇一五年六月五日的酷熱清晨，五男六女全副武裝進入木柵山坡地的某個建案工地，在工地主任的引導下，開始向下挖掘泥土，整個早上必須挖出五十多包土。這些深咖啡色的沃土，即將進入鄰近的木柵國中橡膠樹下的鑰匙孔小田園，而這些中年男女則是在文山社區大學受訓中的台北市校園食農教育的準田間管理師。培訓講師正是亞曼，他讓學員在幾近零資材費的條件下，建構能自給自足的小田園，而這群學員毫無怨言，以物物交換和勞力付出來學習都市樸門、永續生活的設計能力。

陪伴這群田間管理師上課與建造小小田園的日子裡，我不斷回想起在善化國小所經歷的人生中第一場食農教育，雖然學校四週都是田，但是快退休的校長還是讓我們高年級每班擁有一畦稻田一畦菜田，我還記得我又喜又疑地觀察吃菜葉的毛毛蟲，猜想牠會變成樸素的白粉蝶嗎？當時菜苗稻苗和肥料想來都是學校提供，收穫時則為營養午餐加菜。那是個校園午餐還普遍具有營養加分的時代，我從沒想到我的小孩可能會沒有營養午餐可吃。

不知何時開始，校園午餐食材令人難安又難吃，而農地因限水和變更地目越來越少，不變的是，食農教育依然是在課綱之外的體驗活動，但我們的小孩卻得依賴食農教育才能認識食物是怎麼被生產的。

雖然越來越多農地被拿去種房子，但多數人心裡仍有畝田，還是有蒔花種田、親近土地的渴望，社大的有機農業課程因此十分受歡迎，公民週的食農講座也多在人數爆滿狀態。為了推廣有機農法，以取代農藥殘留和化肥污染水源疑慮的慣行農法，二〇〇三年文山社大在推動回收廚餘做堆肥的基礎上開始開設「自己種菜自己吃」至今，希望人們為家人餐桌的幸福而改用有機農法。轉眼間，社大開設農藝課程的初衷已延伸成因應氣候變遷，有必要強化社區自主治理能力來提升城市韌性。因此，在主婦聯盟環保基金會見學食農教育立法運動之際，社大也以食農教育為策略，發展融入可食地景議題的農藝課程，並且力邀在社大具有豐富開課經驗的樸門講師亞曼，來帶領市民以做中學的方式，厚植都市綠生活設計與實踐能力。

食農教育是把農業的生產、人類的飲食生活及其與生態環境的關係連結在一起的教育，食農教育重視食物安全、農業安全以及土地安全，因為唯有這三者健康，賴以生存的人類才能獲得安全的保障。所以這幾年大家關注且難以忍受的食安問題事件，其實正反映了國民欠缺食農教育的病徵。

這兩年社大和基金會陪伴台大學生小玩伴志工團隊在武功國小推展食農教育，小朋友從嫌土髒，到赤腳踩下水稻田的羞怯，與發現小黃瓜的驚喜表情，和田間管理師大人們完成厚土種植的滿足面貌，都一再地讓我感動，因為他們，我見證到土地和田間動植物的生命力不吝惜地豐盈了人們的身心。

在好幾個睡夜裡翻閱這本書，我忍不住想像著如何在家中那幾近封閉的陽台上設計出樸門的一區，如何與五歲半的兒子一起做雨水回收小系統，如何設計出串連的可食空中盆栽，為了美一點會更好的樸門原則，我是不是要學一下北歐居家編織用麻繩垂掛盆栽？這本書精簡易懂，但不管是鐵窗、陽台、屋頂或一坪的土地，一如亞曼老師經常告訴學員的：方法有了，去試吧！

鄭秀娟／現任台北市文山社區大學校長，財團法人主婦聯盟環境保護基金會常務董事

推薦序

超越有機與環保，分享幾十種台灣風土的設計心法

人之所以異於動物，在於人類有卓越的學習、思考、表達能力，而且獨具創造能力，更重要的是，人類內心有一股想要進步的動力。所以，人類不斷進步，發明了汽車、飛機、電視、電腦、農藥、化肥、製藥、手術，使生活越來越便利，但卻也使人們越來越脫離大自然。

人與動物還有一項重大差異，那就是所有動物永遠和大自然共存共榮，但只有人類例外。人類不停地想要控制大自然、超越大自然。走到最後，變成破壞大自然，例如環境污染、作息紊亂、加工食物氾濫、慢性病蔓延、地球暖化、劇烈氣候。

人類獨有的五種能力，一百年來，不但沒有用來愛惜地球與保護生命，反而帶來空前的破壞與危機。

我認為，時候到了，人類必須回到過去，重新開始。拋開既有的知識與成見，重新思考，日常的食衣住行，要怎樣才能與大自然融和，並尊重周遭的生物，想辦法在地球上一起繼續生活下去。

樸門文化源自澳洲，它的核心價值，就是照顧地球、照顧人類、資源共享。它的精神，超越有機與環保，這是我最感興趣，也最嚮往的一套學問。

這本「樸門講堂」我期待已久，內容不但闡述樸門的基本原則，更詳細介紹幾十種適合台灣特有風土的設計心法，每一種都很珍貴，例如自然建築、環保廁所、香蕉圈、麻布袋種植、自製生質柴油、火箭爐、草木灰妙用、太陽鍋、天然清潔品、自製醬油、自製酵母、米啤酒。

很多現代人，擔心農藥，所以開始嘗試自己種菜。但絕大部分人，還是無法跳脫除草、施肥、除蟲的固有思想，我真的誠心呼籲，不管是業餘的、還是專業的農夫，都要參考樸門的基本種菜哲學：絕對不讓土壤裸露。用拔除後的雜草覆蓋土壤，形成穩定的微氣候，讓蔬菜有微生物朋友幫忙照顧、有敵人幫忙鍛鍊。讓蔬菜、果樹也成為大自然社群的一份子，共生共榮，那麼就能省掉許多人為的工作，務農也就不會那麼辛苦了！

很多人以為樸門就是有機種植，其實樸門超越有機，是一門很重視思考、很重視活用的學問。許多用慣了農藥化肥的傳統農夫，在轉型的初期，都有很大的心理壓力與技術障礙，因為他們不懂得觀察與思考。我建議不妨從本書開始，參觀樸門的農園，開始觀察，啟發思考，並參考古巴的經驗。我認為，要成功轉型，不難，關鍵在於動機強不強。天下所有的事，善與惡、對與錯，雖然結果大不相同，但起初也不過是一念之間。就讓我們從現在開始，掌握正確的心念，善用智慧，重新出發，共同邁向永續的未來吧！

陳俊旭／台灣全民健康促進協會理事長、美國自然醫學執業醫師

推薦序

開啟我的頂樓農夫綠生活

如果樸門是融合大自然和人工智慧兩大設計系統的導師，野蔓園便是亞曼集結相同理念的各方人士與資源為實踐樸門而營造的教育農場，是台灣樸門重要的展示空間，也是陽明山特殊的自然生活基地。個人何其有幸，在退休前的人生關口認識這位樸門先生，開啟了頂樓農夫的綠生活，也遇見了不同的自己。從拿筆到拿鋤頭，從植物殺手到養蚯蚓、學做麵包窯體，甚至參與自然建築等ＰＤＣ課程，既重新看待生命也為友善土地盡一份心力。樸門惠我良多，也讓很多人圓夢，本書更道盡了亞曼落實樸門、師法自然、永續生活的深刻思考與觀察，以及樸門人愛護地球的生活觀和世界觀。

陳逢申／前國立台北教育大學文化創意產業經營學系副教授

推薦序

一起打造心中那塊屬於自己的一畝田

《亞曼的樸門講堂》提供了我們另一種修復土壤的可行性，並倡導土地（壤）健康，人才會健康概念。在樸門世界裡永續生活元素包括水、土壤、植物、動物、能源、人與社群。而六大元素主要核心即為土壤，土壤可以涵養水份、供植物生長、一公升土壤裡有十億個原生動物、變形蟲、草履蟲等動物，土壤所孕育之動植物供人們作為食物來源，人一但離開土壤即無法生存，環境亦無法永續。因此學界將地球上薄薄一層的土壤稱為人類生存、環境永續之關鍵區域（Critical Zoom）。

這本書以簡單方式介紹如何分析土壤特性如土壤質地（Texture）及如何堆肥造土並計算符合植物所需碳氮比之不同材料比例，讓身在與環境脫節之都市人，重拾起與土壤互動自然關係，燃起永續生活的渴望願景。若您身處都市叢林，厭倦水泥鋪面，也早已遺忘土壤芬芳氣息，不妨啜一杯咖啡，細讀《亞曼的樸門講堂》，然後捲起袖子照著書中步驟一起打造心中那塊屬於自己的一畝田。

林耀東／中興大學土壤環境科學系 特聘教授

作者序

樸門．野蔓園．友善地球

亞曼

生活要事「食衣住行育樂」，吃排首位。古言民以食為天，但光就吃這項，據調查，每人每週平均有八．五餐是外食，也就是一週七天、二十一餐中，有三分之一多，都是把吃這件事，交給別人來處理。可能因為沒時間或是租屋在外，煮一頓飯，對很多人來說是件麻煩事。但可曾想過，這樣所吃到的食物又是什麼？

超市裡，包裝好的漂亮食材，只是食品，食物的商品。這些商品從哪兒來，經過什麼樣的處理，才到眼前的餐桌？許多人不知道，也不想知道，方便就好。直到近幾年，層出不窮的食安問題，恐慌的心理讓大家開始質疑我們所吃的，是安全的嗎？

現在人的所有生活所需，都依賴別人：打開水龍頭，就有水；轉個開關，瓦斯爐就可以燒水烹煮；同樣按個開關，只要台電沒有意外，電燈、電腦、冷氣等等就能立即運作。這些「馬上服務」，讓現代人生活得太方便，也失去了對資源感恩、珍惜之心。可曾想過，有一天，提供服務的人、資源不見了，怎麼辦？

台灣所擁有的水資源居世界排名第十三位，但每一個人可以分配到的水資源量，卻是倒數第十七名。因為水費便宜，加上寶島總是在夏季缺水時天降梅雨、熱對流雨……，因此即使擁有充沛的水資源，即使今年春季面臨六十年來最嚴重乾旱、許多縣市陷入停水窘態。很遺憾的，五月下了幾場雨解除旱象，就又忘了缺水之苦。

長期以來的「太方便」，讓每個人在不自覺中成為環境殺手、共犯！甚且習慣性嘲笑心急如焚而身體力行的節水者。

面對食安、暖化危機，國人雖已逐漸意識到健康與生存正遭受威脅，但僅僅是少數人開始購買有機農產品、記得帶購物袋、隨手關燈、騎腳踏車等等，仍然是不夠的。因此，我嘗試推動更多的友善環境的行動：

二〇〇四年，我一個人從野蔓園開始實驗、體會，到現在邁入第十一年；近年來更在社區大學及野蔓園及全國各地開設「都市樸門綠生活」相關課程。雖然喊我老師的人越來越多，但我還是覺得不夠，也不斷思考，下一步可以再做些什麼，才能讓大多數的人充分體會與環境之間的緊密依存關係，並且用行動一一實踐在生活中?!

值得欣慰的是，相對於十多年前的有機推廣所遭遇的反彈與抗拒，現在確實愈來愈多人肯定無毒栽種的價值，也逐漸積極想要學習種植或自己動手做做看，遠見雜誌更將「城市農夫」列入對未來最有潛力的行業第四名！而新科台北市長柯文哲率先遵照競選承諾，提出田園城市計畫，雖然內容與方法有待充實，但公部們開始重視此一議題，必將有效提升都市耕種的推動節奏與參與人數。

在台灣轉型為工業化之後，務農者大部分沒機會讀書，而且社會地位偏低，因此都盡所能地讓孩子上大學，不要像自己一樣做個沒出息的弱勢農民，造成今日的「離農」現象。然而，現在很多到社大上課或是到野蔓園換工的朋友，年輕人的比例愈來愈高，甚至小學、幼稚園的孩子，拿起鐮刀割稻、自己烘烤披薩，比大人都願意做，也都做得很好。現在，改變的反而是父母親不願踩進泥土裡、校長只要求老師配合政策，自己卻連校內的番茄植物都不認識……，缺乏對土地的熱情。

當然，校園的食農教育，不能只是一時風潮；年輕人擁抱土地，也不應只是人生迷惘的無奈替代選擇。很希望愈來愈多的年輕人因為興趣、擁有知識的回歸農田，未來成為融入當地環境的都市農夫。這正是野蔓園今年起的地球功課。

樸門綠生活是一種生活態度和實用設計，農耕只是其中一個環節。

例如，樸門的設計操作原則中，第一條是觀察與互動，人必須用心體會土地周遭風、樹、植物、動物等等一切，並體系思考如何互相對待，這樣的生活設計，才可能與環境建立友善關係。

例如，樸門強調善用既有資源，務必做到最可能少的輸入（有多少水就種什麼？植物盡量自己留種子繼續栽種；利用廚餘雜草做堆肥自足；撿拾枯枝、使用火箭爐煮菜…）。在野蔓園的樸門實踐，幫助學員在最短時間學會，只要用雙手就可以照顧自己、照顧別人。並且珍惜、善用所有資源；包括不製造垃圾（無法回收使用的資源）、請每個人將自己的垃圾帶回家。長期的野蔓園體驗，絕對能夠建立自主生活的能力，相信本書的完整介紹，對於有志了解並參與樸門實踐者，應該有所助益。

至於本書以極大篇幅所強調的都市的樸門永續實踐，並不一定需要擁有一塊土地。公共空間中的人行道綠帶、墓仔埔、警衛室週遭的邊際空間，我都實際栽種過可食作物，還創造出綠化風景。住家中的屋頂或鐵窗陽台，隨手拈來，就有豐富的多樣性健康食材；幾把舊雨傘和寶特瓶，就能回收雨水，透過生活中的廢棄物和空間屬性；每一寸土壤間，都可以捕捉和儲存資源。走出水泥空間，重新認識鋤頭、圓鍬等農具，在社區園圃中揮汗耕種，更可因為社群的參與，享受更多的歡聲笑語與生命活力。

希望這本書的樸門經驗分享，能夠影響、幫助讀者，和我們一起拿回生活的自主性，以行動永善環境、往健康、快樂、永續方向移動！

目錄 contents

在樸門的設計中，一區是最接近主屋的生活區，用來支援生活起居、方便每日工作。種植的作物是以需要經常使用、隨時可採集的蔬菜、香草為主。居住在都市水泥叢林的人，陽台就能當作一區應用。

1

chapter 1

我的樸門實踐：陽明山半嶺的野蔓園

我不只在此觀察自然、學習生活、耕耘實作，也透過換工、手作課程回饋分享樸門心得。野蔓園，是我最重要的樸門老師與夥伴。

用自然重新設計人生

隨著中山北路七段往陽明山紗帽路，一路蜿蜒向上，沿途景致優美，但得聚精會神地注意沿路建築，否則一不留神，就會錯過隱身草叢與枝葉之間的野蔓園。

享受不方便的友善生活

走進碎石、沙子鋪成的小路，就能看到一座老舊溫室；沿著小路與兩旁植物伸出來的枝葉打過招呼後，來到始終敞開的紗門，走上階梯，可以看到空間已巧用為教室與廚房等生活場域：工作台上放著準備入窯的披薩麵皮；右方是廚房空間，有年輕人照顧著冒煙的火箭爐同時一邊劈柴，手斧敲擊著薪柴的聲音迴盪在溫室裡，節奏粗曠卻讓人感到安

野蔓園標示不顯眼，很容易錯過。

祥；靠近就能看見一面大灶、火箭爐，志工們清洗著蔬菜準備做午飯。

這是就是野蔓園，一個粗曠、簡單、自然的農場，這座位於台北市近郊、推廣樸門永續生活設計的園地，是我花了十年時間摸索、打造的「樸門部落」。離市區這麼近的地方，其實要水要電要瓦斯都不是問題，但是我希望前來野蔓園的人能夠回到人在自然中原本的樣態，一切的成果是要有付出而後才有享用，而且是友善環境土地的享用方式，所以這裡的生活起居才刻意設計得不方便：我很希望這樣的不方便，能讓前來拜訪的朋友從其中體會，了解現在的方便是犧牲未來的永續性而來的，進而一起思考改變的可能。

隨著向上的梯田地勢，穿過了溫室，有的用石頭、或者用磚頭、或者用木頭看似隨意圍起，高低層次交錯的植栽。初來乍到的人會以為是雜草，這個誤會有點大，若停留一會兒，就能看見剛剛準備做菜的年輕人來這裡翻開繁茂的草葉，熟練的找到茄子、蕃茄或者剛好這時令應該成熟的蔬果。現採現摘，這是今天的午餐菜餚。

雙核心的樸門農園

在樸門的設計裡，越頻繁使用、越具有多重功能的事物會擺在越便利、核心的位置，野蔓園的設計也是如此。比較不同的是，因為這兒同時具有環境教育，以及換工實習體驗生活的雙重功能，在避免互相干擾的情況下，野蔓園設計為雙生活區農園，擁有雙〇區和雙一區（關於〇、一區等分區概念，詳見第二章）。

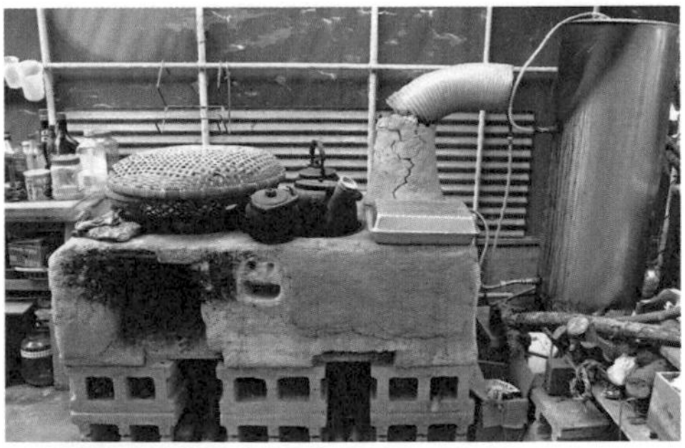
廚房使用燒柴大灶烹調。

將廢棄溫室改造成教室兼生活場域。

這裡還有個充滿異國風的小建築，土牆鑲嵌著彩色的玻璃瓶，不特別告訴你，多數人不會知道它是一間「堆肥廁所」。拾級而上，有果樹、有稻田，有更多的植物。再往上，就不建議前往了，那是偶爾採集筍子或果實，還有交給大自然自己管理的地方。

亞曼（Yamana）是印度一位古瑜珈修行者的名字。我的靈修老師——印度阿南達瑪迦的出家修行者「達達」為我取了這名字。我曾問他有什麼特別的意思嗎？老師只說這是一個古老瑜伽行者的名字，「有一天你會懂的」。

經過一段時間的體會，我才理解到瑜珈追求身心靈合一的生活，真切地以自己所主導、想要的方式生活著。這名字是導師的期許，而讓Yamana能名符其實，則是我對自己的期待。野蔓園，名字就是取生命力茂盛，自然永續之意，這裡也成為自我實踐樸門永續生活的夢田。

企業戰士棄業反璞歸真

在成為亞曼以前，我是經商的唐先生，從跑船遊歷四海，到開建築公司、投入電子業、做有線電視與衛星電視生意，是別人眼中力爭上游、事業有成的商場人士，終日疲於奔命的應酬、大魚大肉，總是忙到三更半夜才回家。這樣的生活和家人連說話的時間都沒有，更別提陪伴和相處，我幾乎成了同屋簷下的陌生人，老婆忍不住要在我上班時，帶著孩子列隊「感謝爸爸辛苦」來諷刺我的扭曲作息。更別說壓力下香菸、檳榔不離手，體重一度胖到一百二十公斤，身體到處有狀況，心臟也出了問題，用「整組壞光光」來

穿過溫室，是磚塊、石頭、廢材圍出的一畝畝菜田。

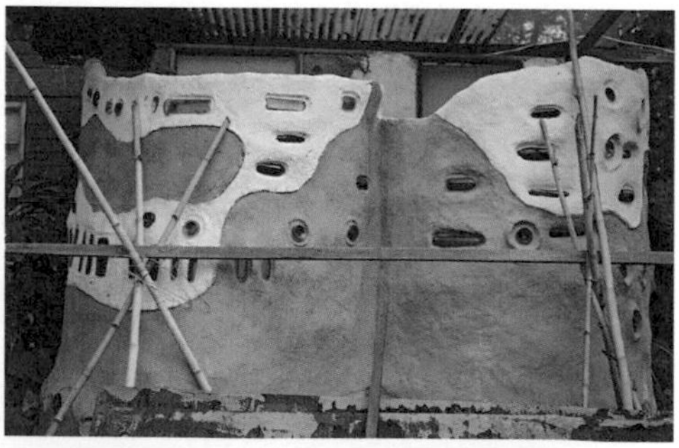

堆肥廁所以自然建築方式搭建，別具特色。

形容一點也不為過。那時候才稍微停下來檢視自己的生活與生命的價值，毅然放棄追逐金錢與成就遊戲，在一般人視為衝刺事業的四十歲人生黃金時刻退休，先是赴印度學習自然療法，又跑到武漢學中醫。

在這段追尋的過程，使我意識到現在多數人離開「自然」生活，食衣住行被太多「非自然」的事物拘束，於是「自然」就生病了的道理。不只是為自己，也為家人健康，我想，健康的飲食會是一個開始，於是開始夢想著自耕自食，過著健康的自主生活。既然起心動念，就要有所行動。那段時間我參加女青年會、台北鳥會芝山綠園解說志工、台北市傳薪童軍團團長和主婦聯盟的許多活動，在三芝廚餘種菜達人劉力學的農場當了三年志工，只要有和自然、和土地能連結的都不放過。在芝山綠園的志工經驗幫我打下植物辨識與解說的基礎，也因此有了與他人分享自己所學的想法，讓更多人能夠接觸到我所體會的事物。

就在一次參加賴青松與淡水社大有機農耕何金富老師舉辦的第一屆「穀東」體驗的回程路上，看到土地標租的消息。我知道經過這段時間的摸索，是實踐回歸自然的時候了。於是，打造野蔓園，也開啟我成為亞曼的第二人生。

棄商從農每天都面臨挑戰，沒有管理農園經驗的我一開始盲目摸索，二〇〇四年參加由阿南達瑪迦邱奕儒老師主辦的第一期「Permaculture」讀書會，當時甚至還不叫「樸門」，只知道澳洲的Permaculture正影響著世界，讀書會成員們讀著江千綺翻譯的《永續栽培設計》這本樸門中文翻譯教科書，大家在讀書會上研習、討論，當時台灣還少有這

變身成野蔓園之前，這是塊雜亂不堪的廢棄農地。

方面的資訊，夥伴們一邊找資訊、翻譯成中文，一邊自己練習實作、驗證，這也是台灣Permaculture的第一批種籽。

亞曼提議的「樸門」，加上盛璘的「農藝」

讀書會的成員就這樣持續了幾年，直到第三年，大家除了自己研究、實作外，也開始在台灣推廣，越來越多人參與，大家覺得需要將Permaculture用一個簡單容易懂的中文名字讓更多人理解。Permaculture音譯「樸門」，其意思是一種反璞歸真的簡單生活，「樸」是簡單、反璞；「門」是方法、設計。我當時提議取「簡樸永續生活的法門」這樣的意思稱作「樸門」，盛璘姊建議增加「農藝」兩個字，取其運用「農業設計與生活藝術」的意涵。「樸門農藝」在大家的共識下就這麼被取名了。

學而後知不足，二〇〇八年由我在花蓮舉辦的理想渡假村「樸門工作假期」，其中一位學員到過泰國清邁的潘亞（Panya）農場，從夥伴分享中得知它是東南亞最大的樸門教育推廣中心，我便於〇八年底，迫不急待的前往學習，並且取得樸門ＰＤＣ（Permaculture Design Course）課程國際講師認證。

四十歲以前，我的工作不論建築、電子通訊產業都對環境極不友善，自己也沒有永續的觀念，只想著要賺錢給家人最優渥的生活，認為環境問題是學者專家責任，我不想面對或碰觸，也不知如何改變這個狀態。多少是駝鳥心態吧！即使有了追求健康的念頭，一開始對環境永續並沒有什麼想法。

野蔓園歡迎都市人前往農場體驗田園生活。

有天，與當時國小六年級的女兒看電視，播映著地球暖化、溫室效應的報導，我耐心的提醒她，希望她少喝點寶特瓶飲料才不會破壞環境，這種好意略帶說教意味，沒想到女兒回了一個白眼對我說：「還不是你們大人造成的問題，做不到的事還要我們小孩來做！」這段家常對話意外的衝擊著我，原來孩子們是這樣看待大人的啊。也忍不住反省：大人們把環境搞得一團亂，到頭卻是後代子孫承受後果，我們怎麼可以一副事不關己的教訓姿態呢？

土地健康，人才會健康

這是我進入樸門的最大轉折，不只要自己健康、家人健康，也要土地、環境都健康。希望從自己改變開始，從利己改而利他，去找到對環境和個人都好的生活方式。我很喜歡甘地說過的「不要先想改變世界，先從改變自己開始」這句話，在社大課程的第一堂課我總希望學員先瞭解，「樸門」是給願意「改變」的人的一種知識。這幾年全世界也掀起改變的風潮，無論是政治的還是生活的，樸門精神貴在實踐，我的心得是：「『莫因善小而不為，莫因惡小而為之』，尤其對待環境，小善小惡都會積少成多，每個人都有改變世界的力量。」

原本我想拋棄的前段人生，也很意外成為我分享樸門的養分，抽象拗口的樸門原則與精神，在以前的經歷中看到太多反面案例，也意外成了一個個能讓人警惕的人生故事。我喜歡用說故事的方式讓人們體會生活中的樸門應用，用手作連結飲食文化，與土地、環

我習慣以說故事的方式來分享所見所學。

境做友善的連結。更樂意和所有人分享這段反璞歸真的過程，讓更多人能體會對環境好，才是對自己最好的回饋。

眾生平等，一株菜苗也有它的任務

剛剛來到野蔓園的人，會感覺像一場有趣的探險，植物彼此競爭：不像人工的公園那樣在井然的秩序下享受悠閒，而是走進被解放的大自然中，充滿挑戰、未知和新奇，你要彎腰避開低垂的枝葉，要撥開雜草前行，要小心翼翼地繞過正在抽芽攀架的絲瓜，要給老氣橫秋的母雞，或是向慵懶曬太陽的老狗大黃讓路。野蔓園不是觀光農場，是各種植物和動物平等、共生的生活場域。

這就是徹底實踐樸門的農園。野蔓園呈現了一種與大自然共生的自然樣貌，所有的動植物都在這裡有平等的「權利」和各自的「責任」，即使一株菜、一棵野草，他們都有各自的功能和效用，所以要遵守著與之共存相處的心態，而非只站在自身利益考量來設計生活空間。所以，修剪、砍伐一棵樹都要思考評估很久，栽種植物、蓋房子之前都要想想對周遭環境的影響。

每個生物在自然界中都有他們的位置和功能，如果無法意識到這點，也無法做出貢獻，那講難聽一點，只會吃東西和排放廢棄物的人類在這片土地上真的是比一棵可以拿來當肥料、餵雞，甚至可以改善土壤的小草還沒用——但正是因為大自然不會有廢棄物，當人回歸到自然裡的時候，就有了我們在自然裡的角色。體會這點正是開始改變的契機。

我只是把自然擺對位置的管理人

有人聽我這麼說之後會問我：「那麼，亞曼覺得你的角色是什麼呢？」

「我想是管理人吧！」我不敢說自己是設計師，但是把自己當成管理人，把每個元素擺放在對彼此最好的利益位置上，為元素和環境著想，找到平衡，這就是我的工作。例如，你可以在野蔓園廢棄水泥塊疊成的階梯旁，看到三葉草旁邊長著共匪草和萵苣。

種菜之所以辛苦，是因為用傳統的方式要花很多時間照顧、整理，要除蟲、灌溉、除草，所以以前人才會說務農是辛苦的工作。但是，有沒有想過，為什麼在大自然裡野草沒有人照顧也長得很好？同樣都是植物，被仔細照顧的蔬菜就像是養尊處優的少爺小

野蔓園的雞群快樂地在農場裡探險，毫不畏生。

在農場裡，雜草和作物各自堅守崗位、平起平坐。

姐，沒有農藥和肥料就長不好，但是野草沒人照顧一樣長得強壯，而且，細心照顧出來的蔬菜常常只是虛胖，營養價值變低，更不要提農藥對環境的傷害了。師法自然，運用群落與多樣種植、模仿自然，讓自然照顧植物，可以說是一舉數得的好方法。

在樸門的方法，就是讓蔬菜也回到自然的「社群」裡，有朋友可以照顧幫忙，有敵人可以鍛鍊強壯，而且，很輕鬆，只要讓大自然替你照顧他們就可以了。

而想用樸門的方法輕鬆種菜，關鍵就在「觀察」。

所有的事情都始於觀察，只要把對的元素放在對的位置上，他們就會自己靠著生命力運作起來。樸門人的工作就去觀察、發現這樣的規律，然後動手去實驗和驗證。最好的例子是樸門種植的方式絕對不會讓土壤裸露，過盛的雜草拔除後還是會擺回原處，讓它覆蓋土壤，減少水與養分的蒸發、流失，形成穩定的微氣候，讓微生物與小動物快樂的生活工作，並且成為養分循環，所以菜園才會看似很亂，但其實他們有自己的規律。所謂亂中有序就是這樣子吧。

樸門小辭典

共匪草

又名「長枝滿天星」，老農說，土地上若長出共匪草，就像得癌症，更像共匪一樣，一小截就會蔓延一片；共匪草屬於深根植物，它的根可帶出深層土壤的養分與水分，更可打破堅硬土層與淺根性的葉菜搭配；三葉草可固氮，與萵苣三者可互相得利、彼此照顧。

野蔓園植栽亂中有序，亞曼考量植物特性，把每個元素放在對的位置。

從彎腰除草開始學習分辨植物

幾年前決定開放農場，參加ＷＷＯＯＦ（World Wide Opportunities on Organic Farms），這是一個協助有機農場生產有機作物為目標的國際性組織，讓世界各地的年輕人來這裡打工換宿，練習自主生活。通常剛來到山上的換工者，只要除草、澆水的工作。並不是因為我真的希望清除雜草，而是希望在這個過程中，讓前來的年輕人先學會分辨植物，練習謙卑地彎下腰來並學習與植物對話，也放下心中的自以為是，並且在工作觀察中摸索出這些植栽在種植時所運用的樸門設計原則。有些人除了幾天的草就可以看出來這種覆蓋種植（詳見第六章）對於土地的好處，讓植物就算大熱天也不會很快垂頭喪氣，翻

觸動亞曼的蘋果阿公故事

我很喜歡分享日本青森蘋果阿公木村秋則的故事。

木村秋則這位蘋果農人為了種出不用農藥的蘋果而奮鬥了十一年，因為這想法違反了種蘋果要用農藥的習慣，一路來遭遇挫折、沒有收入，還飽受異樣眼光，蘋果樹卻連花都不開。就在他撐不下去之際，在荒山裡發現野生果樹還是可以長得很好，帶給他啟發，讓蘋果園的環境調整得和大自然一樣時，蘋果覺得舒適，於是就開花結果了。木村說：「大家都說，木村很努力，但其實不是我，而是蘋果樹很努力。」

雖然木村阿公沒有學過樸門，但設身處地為每一個元素著想，這就是樸門。希望蘋果樹開花結果回饋，是務農者的「利己」觀念，果樹不開花；放下利己之心請蘋果樹「只要活下去就好，辛苦你了」的「利他」心念時，果樹感受到了，反而開花了。

植物是有「感覺的」（參閱《植物的秘密生命》一書），因為接收到這樣的心情而給予回饋，就是大自然最迷人的地方。種植時最該注意的是用心，老師什麼方法都能教你，只有用心要自己體會。照顧好自己，但也照顧好地球和其他生物，然後分享你有的資源，這就是樸門的核心價值。

運用樸門原理，讓蔬菜也能在自然的「社群」裡成長。

開覆蓋的土壤也很明顯比傳統種植的土壤肥沃、潮濕和鬆軟。除下來的草直接成為養分，就算很快就再長出來，也不用擔心土壤的營養被搶走。

曾有年輕換工因為不知道分辨植物，把植物幼苗和蔬菜當雜草割下來，幾乎毀了半片菜園。不過，學習就是在錯誤中累積經驗，野蔓園是一個練習的平台，在這裡允許犯錯，只要想學就不怕沒有機會。

我總會說，如果你決定要來學習樸門，就來野蔓園當農場實習生吧！而且換工最少要待一個星期，得住在野蔓園中，才能真正學到東西。因為，換工不是來趕流行、「體驗」生活的，而是要「融入」生活。體驗是暫時的，融入則是把野蔓園當成自己的地方，體驗是「忍受」務農生活的各種不習慣，時間到了就走人；「融入」是用心體會，看到問題試著思考後嘗試解決，如果遇到什麼都等著人家幫你準備好，你永遠也學不會。

農場實習生其實有點像是以前的學徒，我希望能夠找到有志投入的年輕人，把知道的一切傾囊相授，讓知識得以傳承和散播。

獨樂樂不如眾樂樂，與其只有自己當快樂的樸門農夫，不如讓更多人知道樸門可以帶來人們和自然豐富的收穫，這也是樸門分享的精神。因此，我決定開放自己一手開墾、種植的野蔓園，成為樸門教育推廣中心，現在這裡幾乎每周都會有各式各樣的課程，從手工窯烤麵包、做豆腐、做醬油到蓋自然建築，每一門課都是樸門核心價值的延續。

換工第一課：將拔除的雜草覆蓋在土壤上可以減少水的蒸發。

樸門小辭典

野蔓園換工

除了國內換工者外，野蔓園也有許多國際換工者，以農場勞動換取食宿和經驗，類似打工度假方式在有機農場之間學習。考慮到每個人的狀況不同，這裡提供的換工時間很有彈性，短則七天，長則一個月、一年，都可以來申請。

野蔓園換工須知：

歡迎來野蔓園換工體驗，這是個實驗中的樸門農場（搜尋樸門部落或Permaculture），更重要的它是一個自主生活的訓練中心。

這裡的生活不會是「他人幫你準備好的舒適生活」。現今環境問題很大原因來自大家都希望「方便」、「快速」，而造成地球環境的破壞。因此園區很多基本的生活所需都必須自己來做中學習。（我們非常願意教）

我們提供的僅是遮風避雨的室內空間、水、電、堆肥式廁所、簡易的大通鋪。當然最重要的還有我們的友善環境的理念與熱情。

其他任何你想得到的事務包含食物住行育樂所需，都必須自己來，學習動手做以及改善你認為不滿意的小地方（請試著在這段時間將野蔓園當成自己的家）：從園區收集食材（每天會教你認識一種自然可食的植物，尤其是野菜）、撿材（絕對不要空手回到生活區）、劈柴、生火、烹煮、手洗衣物、床鋪整頓與環境清潔整理、步行上下山……（當然偶爾可共乘）。

如果你愛閱讀、愛認識新的事物，在這裡你可以享受這樣的娛樂與學習機會。例如參與工作坊課程準備與學習及照顧他人。

如果你更主動提問（提問前請先經過思考與觀察）或是提出解決方案，我們的互動會更好！

（詳見野蔓園部落格）

有許多國內外青年換工與志工前來野蔓園學習、體驗生活。

從澳洲席捲全球的樸門新哲學

野蔓園不只推廣實踐永續生活、友善環境農業，更從傳統、生活、飲食、文化融會貫通應用在生活中，而唯有跟在地生活結合，才能稱之為文化；因此我特別在乎讓前來學習的人，了解必須因地制宜的使用樸門原則，告訴他們如何用樸門方法製作台灣傳統食材、設計出在地工法，把柴米油鹽都融入其中的生活方式。這才是樸門最吸引人的地方，也是樸門Permaculture的字源所包含的：永續（Permanent）、農業（Agriculture）和文化（Culture），進而主導自主生活。

雖然說開始於農業、自給自足生活，但樸門已經是一套完整的生活設計，包含了經濟和社群（本章稍後會提到），甚至是一種生活態度，一種社會運動，訴求著改善現今不永續的生活和生產方式。這個從澳洲起源，在幾十年間影響各國的新生活哲學，起源於一

樸門Permaculture的字源涵蓋永續（Permanent）、農業（Agriculture）和文化（Culture）之意。

對師生的反思。

墨立森 vs.洪葛蘭的永續革命

一九七〇年代的西方世界，冷戰尚未結束，石油危機爆發、經濟動盪、中產階級崛起，發展自六〇年代的社會運動與嬉皮運動蓬勃興盛……

此時正值戰後嬰兒潮，人口暴增、新工業技術帶動經濟飛快成長，世界經濟走向國際分工和世界市場的大潮流；但同時也面臨著一個快速擴張、工業化後質變的農業系統，例如大量製造、鼓勵消費和施用肥料和農藥，講究快速而大量的種植方式，對於自然造成極大的傷害。此外，為了追求大量生產的利益，各產業面臨工業化分工，使得人們只專注單一目的，浪費許多邊際資源，同時，專業分工化也造成跨領域資源整合的困難。

這樣的發展觸發了各界對工業化的諸多反思，並試圖尋找答案。美國海洋生物學家瑞秋．卡森在一九六二年出版的《寂靜的春天》，直指濫用農藥對自然生態的危害。而澳洲塔斯馬尼亞大學的生物學教授比爾．墨立森（Bill Mollison）在成為教授前就從事過許多自然生態有關的工作，同時還是關切環保、農業的研究者；他在環境心理學課堂上認識了對環境設計、生態學、地景設計充滿熱忱的環境設計系的學生大衛・洪葛蘭（David Holmgren），兩人從一九七四年起，相互激盪討論，建構一套以模擬、創造自然生態，解決食物、能源問題的永續生活系統，成為日後從農業改變環境的重要推手。

上完PDC課程才算正式進入樸門。

製做米啤酒工作坊，將樸門原則融入生活中。

墨立森與洪葛蘭在一九七八年發表了《Permaculture One》這本書，為他們所創建的樸門（Permaculture）永續設計奠定哲學基礎，定義明確的樸門基本倫理：照顧地球（Earth Care）、照顧人（People Care）、公平分享（Fair Share），PDC基礎認證課程要求與制度指導原則等細則。

世界各國掀起樸門城鎮風潮

在世界上近兩百個國家，已有許多人使用樸門設計方法來改善生活與生產方式，最著名的案例就是能在年雨量十英吋的約旦沙漠裡種出蘑菇，即使是最貧瘠的土地也能讓人們填飽肚子。而近年來，有更多國家或城市，運用樸門原則來應用在都市環境生態多樣性、水資源再生、糧食自主、社群經濟以及能源永續等課題。

《環境研究快報》(Environmental Research Letters)指出，全球各大城市中的「都市農業」正呈現蓬勃發展，隨著這種「餐桌和農田距離越來越近」的趨勢，反映著人們已經更加注重水源、土壤等食品安全議題。在加拿大安大略省的貴湖市(the City of Guelph)，也有研究者開始把樸門的〇～五區概念融合進城市的官方規劃中，希望讓都市的土地使用不只是劃分住宅區、商業區、工業區等，而能多一些生態與永續考量。

為了因應極端的氣候變遷、能源匱乏，經濟衝擊問題，十餘年前從英國開始，許多國家發展出城市轉型運動（Transition Town），小城鎮的水電要設法自給自足，而倫敦西南方的金斯頓Kingston，是一個立基在樸門基礎上的轉型城鎮，市議會訂了一個十年計畫，把

工業化後農業也大量仰賴大型機具，改變了土地倫理和生產方式。

近郊的公有地轉作為出租農園，不但營造了許多小規模的食物森林，提高糧食自給率，也成為地區的樸門環境教育中心，讓許多人能夠在自然裡沈思、得到提醒，反省現代生活模式，改變自己，更真實簡單的過生活。

危機是轉機，古巴轉型有機大國

以樸門理念改變國家最有名的案例，莫過於古巴。蘇聯解體以後，古巴面臨石油禁運危機，進入「非常時期」，來自國外的石油、化學肥料、機械設備一律斷絕，甚至連糧食生產也不足，全國陷入饑荒。

當時，城市的每一塊空地都被用來種菜，一九八三年，澳洲的樸門專家來到古巴，教導民眾種植、設計屋頂農園、舉辦課程訓練種籽農業人員，成立樸門訓練中心，復育土壤，推動間種和小規模種植，創造食物森林……。這場危機改變了古巴的農業生產方式，以往古巴多半是殖民地下的莊園經濟，倚賴種植甘蔗、煙草輸出，而大量的食物需求則依賴進口，但自此之後，哈瓦那兩百二十萬人口所需的食物，有超過百分之五十是由都市農業所提供，小型城鎮的自給率甚至高達百分之八十，市區方圓五公里的所在，都被視為都市農業區，提供當地食物，減少了食物里程。

現在，百分之八十的古巴農業生產是有機的，農藥使用減少至以往的二十一分之一，不只古巴人吃得更健康，農夫成為高收入者，吸引各式各樣的人投入，都市農業也是國家經濟重要的一環。也讓古巴成為全世界最有機的國家。

從此不再是到市場買菜回來放冰箱，陽台菜園隨需隨採。

現代都市面臨缺水、能源缺乏、廢棄物污染、食安問題等環境生存危機，與其把問題丟給政府或是專家，身為常民百姓的你我，可從自己、身邊的居住環境開始，一點一滴的改變自己、改變城市。

就如同樸門師法自然，同時也保有不斷學習、演替、創新的能力，從農法、到生活設計、乃至於現在成為城市永續的提案。

樸門之所以席捲全球，最重要的原因在於它不只提出價值、理論，並且提供非常完整而可行的操作方式，包括三個核心價值、六個永續元素，與台灣樸門永續發展協會從實踐經驗中整理出的十五個操作原則，這些都是身為樸門人必須融會貫通並與奉行的關鍵信念。

六個永續元素

樸門將那些可以被用在設計裡的事物稱為元素，並且將他們分類，以方便設計者在一開始規劃時掌握方向。其中無法缺少的永續生活元素分別是：水、土壤、植物、能源、動物、人與社群，將這六個元素和諧放在對的位置，就能創造出好的生活環境。然後根據操作原則和不同條件去使用。

這些元素的使用方法很像模擬城市的互動遊戲，例如：哪裡擺放雞舍？哪裡收集水源？怎樣可以完成一個循環的生態系？怎樣可以達到「最少輸入獲得最大產出」的目標？樸門人在學習和實踐的就是這件事情。

也有住戶把庭園改造成小型農場。

在屏東可見許多住家外種植果樹，營造出與眾不同的可食風景。

三個核心價值

樸門最重要的三個核心價值，不只在農法的實踐或理論，而是融合其他文化觀念和生活經驗，並以尊重融入當地生活文化，散發出善念和正面思想的力量，以達到永續且健康的生活。

1. 照顧地球：地球是一個封閉的生態圈，包含了自然環境與生態系統，任何傷害終歸都是在同一個循環之中。當你開始關注環境，開始擔心丟棄的廢棄物會不會污染到水源或空氣時，你便能領會樸門人的思考方式。
2. 照顧人類：樸門主張的是一個不傷害他人的生活方式，互相幫助、彼此關懷，創造一個緊密而健康的社群，藉此發展出一個永續的文化。社群的力量遠比人們所想像得還要大，只要每個人貢獻一點點，就能夠做成大事情。
3. 公平分享：樸門不贊同現行的商業模式，因為大型企業累積財富的方式對環境、土地和人類是一種掠奪與剝削，富裕國家的富庶對照著貧窮國家的貧苦悲慘，是一種資源的壟斷、缺乏教育和基本生存所需所導致的惡性循環。既然只有一個地球，那麼共同分享食物、飲水、教育、住所、乾淨的空氣、自由的心智和智慧，並將之留給後繼者，就是理所當然的事情。

十五個操作原則

在知道了樸門的歷史、核心價值和永續元素之後，要怎樣做，才能稱得上是「樸門」？每一方水土、氣候、地質和生態都是獨特的，因此樸門沒有硬性規定，而是用「操作原則」取代細項和規定，只要把握大原則，便可因地制宜，在世界各地被實踐。

墨立森、洪葛蘭在樸門創立初期，各自提出了八個和十二個樸門原則，而野蔓園與台灣樸門永續發展協會在原創的基礎上發展成十五個操作原則，除了彙整實踐者之外，也是這幾年野蔓園的實踐心得。（詳見本書附錄）

務農是一門好事業

英國被稱為「未來學智囊」的未來學家詹姆士・貝里尼，最重視經濟與職場收入問題。他在一場演講會中提出，二十年後現在看似風光的金融、法律等高收入的職業將會褪色，新形態的行業如老人健康顧問、家庭照護、都市農夫（垂直農場農夫）、氣候管理等，將取而代之，成為最有潛力的明星產業。

特別是「農夫」這個業別，雖然年輕人一度避之唯恐不及，但隨著全球氣候變遷、糧食危機、能源短缺，再加上人口成長，農業成為重要的議題與解決方案，再結合適切的科技，無疑地成為未來的產業顯學。而樸門農場可依據使用者的條件與特質設計出適合自己的生活工作模式，是年輕人創業後的成功關鍵。

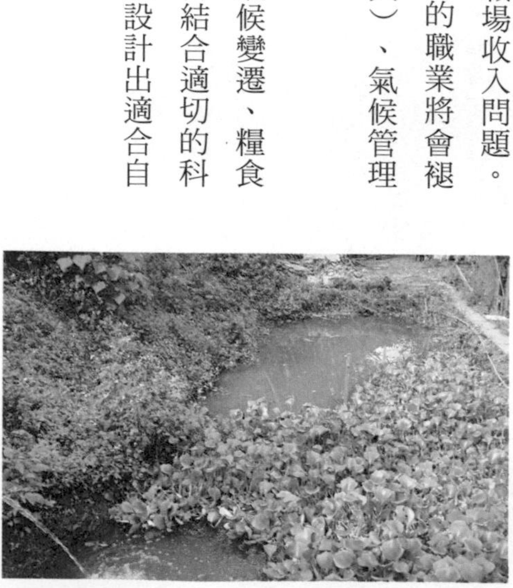

樸門設計常用生態池、香蕉圈來收集並淨化水資源。

樸門綠經濟，小農場擁大商機

野蔓園的生活工作比一般人想像的還要多，除了基本的日常生活如劈柴生火、煮飯外，每天勞動像是澆水、育苗、換盆、除草、準備課程、接待換工與參訪者，另外季節的耕種、收成、產季加工製作食品、烤麵包、餵食動物、木工……，其他偶爾配合主題性的推廣活動如自然建築、工作假期等生活化的內容，這些都是非常基本的樸門技巧練習，也是生活技巧的學習。

樸門農場本不需如此忙碌，但我卻因實驗與分享而樂在其中。這些對我來說，並不是「工作」，而是讓人得以從中觀察農園裡的運作，與各種元素分布的關聯邏輯，發掘與體會樸門設計原則的必經之路。本書第二～七章將詳述分享介紹野蔓園具體實踐的經驗。

對有迫切經濟需求者，我常說，「要賺對地球友善的錢」，然而，還是會有看著我放棄事業的朋友擔心種田種菜養不活自己。其實只要懂得應用樸門，每一個元素與原則應用都是能夠帶來收入的商機。以野蔓園為例，雖然租金每年高達百萬，但是靠著分享、開設手作工作坊、結合農場種植與友善生產的農產品專案計畫，以及樸門專業課程、體驗活動、著作、演講等，一年下來足以支付租金、生活費用，甚至還可負擔一到兩名實習生的生活費。

這樣以小農園創造綠經濟，在樸門領域中只是小case，在國外早有許多例子，例如在美國洛杉磯有個半分地（四八四．九六平方公尺）不到的都市家庭有機菜園，一年可產出上

多樣性種植讓農場四季有食材，且增加食物選擇性。

千公斤，包含四百多種的蔬菜、水果以及可食用花朵，還有上千顆的鴨、雞蛋，十一公斤的蜂蜜，多樣性種植讓他們一年四季都有蔬果可以採收。除了蔬果部分可自給自足，都市農夫一家四口所生產的農產品，也是當地居民，甚至餐廳主廚的必購名單。而這一年兩萬美金的賣菜所得，則可拿來購買自家無法生產的作物。

克拉米特霍夫農場（Krameterhof）位處於奧地利有歐洲西伯利亞之稱的隆高（Lungau），農場主人在海拔一千五百公尺的高地種植超過一千五百種的熱、溫、寒帶蔬果，營造果樹森林，他的蔬果價格不受市場波動影響，而且透過舉辦參觀導覽農場、研討會，再加上販售樹苗、種籽及經營民宿，收入穩定，完全不需仰賴政府補助，營運幾十年來農場面積擴增快一倍，達四十五公頃。它可說是經營歐洲最大的樸門生意的成功案例。

歐盟每年挹注在現代農業的補助預算資金就高達農業預算的五成，在台灣亦然，政府在慣行農法下的農業經濟已經提供許多補貼，但農民還是常因天災造成歉收、或者因供需失衡而價格崩盤、血本無歸。尤其，不只工作辛苦，還往往深受農藥所害。事實上已經有許多案例驗證，樸門確實能創造綠色農業經濟，照顧地球、分享多餘之前，照顧自己絕對足足有餘。

找到樸門夥伴，社群互助共利

非洲有一句諺語是這樣說的，「If you want to go fast, go alone. If you want to go far, go

藉著在社區大學授課、開設工作坊等方式，逐漸建立友善土地的社群關係。

together.」意思是：想要走得快，那就自己一個人走；想要走得遠，得一群人一起走。任何長期經營的東西不能只是一個人，那不永續，也不可能長遠。但如果能成為社群，不論要做什麼都可以互相幫助，就能成為好的動力，目標也就容易完成。以野蔓園的例子來說，若因隔壁鄰居噴殺草劑飄散過來，會影響園區生活而關上大門，獨善其身是不夠的；但也不要一開始否定別人，新農朋友最常碰到的問題是要求鄰居不噴藥，結果往往招致越噴越多，這就是否定別人；如果從自己開始，先讓別人看到好處，相對地，以正面種植的方式積極鼓勵，便可以吸引鄰居一起來加入。像我種稻的老師木伯就是這樣，一開始我不灑藥，他還笑我，現在他也跟我一樣，種起不用農藥的米了。伊索寓言裡的北風與太陽就是這樣，與其批評他人，不如身體力行地用自己當範例，透過分享來感染他人一起加入，才是社群的基礎。

社群不會憑空出現，與其等著社群來找你，不如帶著樸門走進社群。樸門重視自然，但也講求適切科技，都市樸門人可以善加利用科技分享資訊、分享體驗，甚至網路搜尋也是個好方法，便於尋找有興趣的社團加入。或者透過上課，讀書會學習、分享、實作的過程，容易建立起革命情感、找到一樣喜好和觀念的人。

把社區當作你的樸門農場吧

我會持續和野蔓園的課程同學們保持聯絡，而學員間因興趣相投也成為好朋友。不只如此，直到現在我還與當初在泰國一起參加ＰＤＣ認證課程的同學保持聯絡，即使散佈世

蓋房子、翻修農場等，很需要透過社群朋友，協尋有經驗或有興趣的幫手一起合作完成。（吳比娜攝）

界各地，仍會互發email，分享自己的近況。而且，有時候，要蓋房子、翻修農場等，有興趣的人還會前去幫忙或互相介紹換工。透過這樣的方式，不只樸門人解決人力問題，也累積經驗，甚至還可以靠這樣環遊世界呢！

如果你學到了一些樸門的法則，想要找到能一起實踐的社群，社區則是一個很好的社群單位，世界上很多成功的案例都是從社區開始的。我會建議想在都市中從事樸門的人，不要埋頭苦幹，也不要滿足於照顧好自己窗前的一點天地，要把所學得的經驗帶進社群中，在鄰里集會中提出社區改造，利用廢棄空地或是資源來進行，讓大家都能參與，每個人都有機會接觸樸門，成為樸門人。

串聯社群經濟，賺對地球友善的錢

一個社群裡有許多不同的人，每個人的專長特質不會相同，能做的事情和需求也不相同，這時就會有多元經營，來讓每個面向都得到滿足，社群經濟於是產生。在樸門的理念中，地方經濟是一個非常重要的概念。在分享多餘的核心價值下，出現了友善市集、社區商店，產品能夠直接交到消費者手上，省去中間包裝運輸貯存的成本和消耗，而消費者也能接觸到生產者，取得來源可靠、讓人安心的商品，朋友買買氏成立的「直接向農夫買」社會企業模式與學生小龜成立的「好日子」生活家，非塑膠牙刷等都是成功案例。而且，分享的不只是商品，也可以是服務，進而衍生出「綠錢」這樣的概念。現在的世界被各個大型跨國公司綁架了，我們需要重新思考金錢的意義。「小而美，並且公平」，這是地方經濟的重要特色，因為生產與消費的距離很近，所以不會輕易被油價或是股市的炒作而受到影響。因為自給自足，也不會受到跨國企業的壟斷和威脅。在社區裡建立一個小小的經濟體，就是對抗全球金融風暴與經濟不景氣的最佳方法，因為透過這樣的方式讓民生所需得到最基本的保證，付出勞力或產品就能得到對應的收穫，「有勞有穫」，社會也會比較穩定。

近年來食安問題層出不窮，不只台灣的食用油，國際連鎖漢堡店的過期牛肉事件等，問題都出自食材來源、生產、消費者三者間的距離遙遠，間接也印證了地方經濟的安全、友善的永續價值。食安的問題要回歸食物來解決「問題的本身就是解答」「Food is problem, Food is solution.」，用友善環境的生產方式生產食物，在社區經濟的體系下，不只能保育環境，還可傳承飲食文化。（參考洛杉磯中南區Green Ground社區種植案例）

樸門小辭典

綠錢

綠錢是一種在社區中流動的「當地交易制度」（Local Exchange Trading System，簡稱 LETS）「貨幣」，但不是市場貿易的貨幣。這是由加拿大人林頓（M. Linton）一九八三年在英屬哥倫比亞的哥摩士谷實驗，以社區裡付出的服務、勞動等換取「點數」，利用點數來做交易。例如幫忙社區托嬰便能獲得相應的點數，後需要水管修繕時便可用點數換取水電服務。台灣的花園新城亦曾嘗試推動。

綠錢的形式有很多，不論是像LETS的點數，或是可以直接以作物換取需要的協助。甚至如弘道老人福利基金會引進國外人力時間銀行的想法，讓志工把照料高齡者的時數存入志工人力時間銀行，等自己年老時再提領接受志工服務。這些都是從自身的技能出發，例如農事、工藝，以技能交換減少商業消費行為，且從交互過程中讓社區住民的連結更緊密。

野蔓園自2007年開始推廣「吃自己種的米」計畫，鼓勵穀東一起參與種稻、收割過程。

吃自己種的米

野蔓園從二〇〇七年開始推廣「吃自己種的米」計畫，用股東代耕的方式，讓參加的穀東在計畫之初投資每單位四千元，收穫時可以分得五十台斤的糙米，而耕種過程中，穀東可以隨時去看自己種的米，或幫忙農事，並且可以參加插秧、割稻等活動。穀東的參與也算是典型的社群經濟，穀東們取得無毒的安心食材，並且有機會得到最貼近土地的食農教育，而我和一起代耕的夥伴則在耕作同時也取得生活所需的米糧，並且不用擔心農產品的通路問題。目前「吃自己種的米」計畫從陽明山開始，已經擴展到台東池上、宜蘭員山、深溝、羅東，和桃園龍潭，採取友善耕作無毒、無肥、堅持天然日曬，同時保有台秈十號、高雄一三九號、園糯、紫米四種品系的稻種。

從人生哲學的改觀到陽明山半嶺農園的實踐，野蔓園是一個曾是環境破壞者到成為樸門實踐者的起點。十年前傳播友善環境的觀念很辛苦，但現在已經有越來越多人瞭解，我很樂觀將有更多人投入友善生產的行列。近來連政府部門也看見這樣的價值，甚至成為台北市長柯P的施政重點，但這樣的認同與投入需要公部門的基層實務人員對永續和農藝有些基礎學習與實作經驗，才不會變成在象牙塔內做決策。若對土地、植物沒有親自接觸的實作和體會，只流於潮流和知識，容易「為做而做」，熱情很快消散，更糟糕的是半途而廢，變成資源的浪費。

「友善」的觀念是從「態度」建立開始，或許大家可以在開始踏出第一步前，先「有」善的具體行動。「友」是態度，「有」是行動。而野蔓園就是我具體實踐「有」善的生

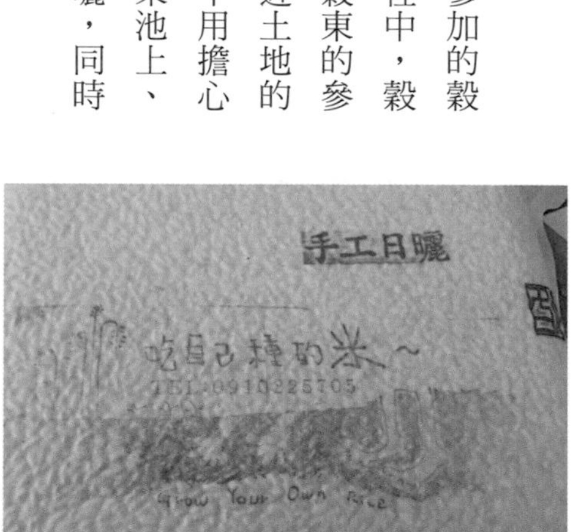

「吃自己種的米」計畫讓參與者取得天然無毒的健康米糧。

產園地、雙手萬能的自主生活教室、都市人田園療癒的空間。還不知如何踏出第一步的人們，做，就對了，「Just do it！Just do eat！」。

陽明山半嶺的野蔓園推動種米，具體實
踐傳播友善環境觀念。

2

chapter 2

實踐樸門的第一步：

認識分區規劃

一個完整的空間，要由合宜的分區規劃組成，才能節省能源，自給自足，永續而生生不息。而過程中不斷觀察、設計與實踐，正是樸門迷人之處。

用五感觀察，先思考，再設計

同樣都是講求運用生態智慧、友善土地的方法，很多人來到野蔓園會先問，樸門和自然農法、秀明農法、ＢＤ農法（生機互動農業Bio Dynamic Farming）有什麼不同？我會說，一百個農夫會有一百種農法，所謂農法端視你如何運用這些生活經驗，但是樸門農作本身之外，更要思考永續生活元素等的設計，如何擴及居住空間、外在環境、生活輸入與產出來達到生活自主性，找到每個元素的角色，物盡其用，便是樸門吸引人之處。

樸門不只是農法

上過我的ＰＤＣ樸門設計認證課程的學員都知道，要順利結業，必須完成三個主題設計案。每一次的作業，我會幫助學生設定一個目標，學員們分別組隊先去找答案，無論是一個都會型社區菜園或者大面積的農場皆可，再根據空間條件，規劃建築物要怎麼配置、適合哪些植栽、在哪裡進行、可以畜養哪些動物。最重要的，若要成為自給自足的農場，是否可以水、能源、食物、種籽盡量做到不再輸入？或者能夠創造可以支持生活的經濟？可不可能財務平衡？需要多久時間？因為，如果要一直輸入才有產出的設計不可能永續：這裡說的輸入包含人力、時間、物質、金錢等，甚至是要依賴某些條件，或過度仰賴科技等，都與永續的精神相去甚遠，樸門是以當地資源、自我循環為前提，輔以適切科技，追求讓這個環境自給自足，用最少的投資與輸入達到最大及最持久的產出。

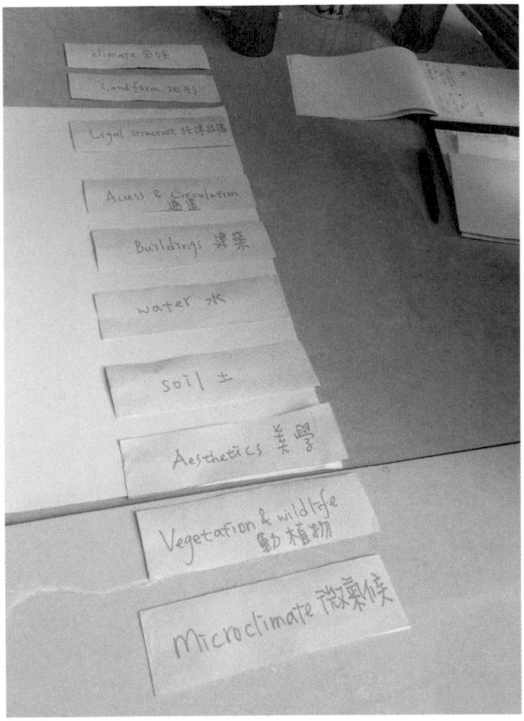

PDC課程要求學員在設計空間前，
先盤點環境條件，進行規劃。

和大自然合作的模式不是像建築師蓋房子，設計圖怎麼畫，房子就該長成怎樣。南橘北枳，一棵樹不同的人栽種、在不同的地方栽種，也有不同的結果，即使是同一種的植物，帶著不同基因，也會長成不同的性格和樣貌。我在打造野蔓園的過程也經過了無數的摸索和嘗試，所以在社區大學的課程中，學員喜歡問我：「老師這個怎麼種？」、「老師土要怎麼堆？」、「水灑多少？」我總愛說，你要回去試試不同方法比較看看。親身實作是樸門基礎，每個樸門人都是想改變自己、想要實踐的人，因此勇於嘗試與實驗的精神，也是不可少的特質之一。

畢竟，和自然打交道不是生產線、實驗室，有SOP可以遵循，因為每個場域都有其特殊之處，你必須觀察你的種植場域，隨機應變，擁有適度的彈性，才能判斷要怎麼堆土，灑多少水，種在哪裡，怎麼栽種：全面考量，多元思考，也是這個時代精神的體現。

不過，也請別以為樸門就是要你盲目摸索出答案。樸門之所以好用，就在於它系統性的整理出「目的↓分析↓設計↓執行↓檢討」一套大原則，遵循這些原則和方法，有如手中的羅盤，幫助你掌握大方向，但是實際該怎樣操作，還是需要靠著操作者的觀察與判斷，千里之行始於足下，在開始你獨一無二的樸門之旅前，先讓我們一起來讀懂樸門的使用說明書吧。

設計方法一：確定目標，再找答案

任何事情都需要規劃，首先釐清你做這件事的目的，是所有行動的開始。是要種來吃的自給自足，或是做為自己經營的餐廳使用？是要做一個社區菜園與大家分享，還是想要一個兼具美綠化環境的可食地景？

不論你的目標是什麼，都需要好好認識你預計使用的空間，並認知到你將會面對的問題。我們要做的第一件事情便是檢查：我們走出房子外，後院、陽台、屋頂、社區花園，看到了什麼？眼前所見的景象、日照、氣候、還有地形，是什麼樣子？如何能為我們所用？幫助我們的種植更順利？或著，我們又遇到了怎樣的困境？（需要如何觀察請見六十一頁表格）

我喜歡把這當成一個作戰計畫，明白任務所在，首先要清點的便是你手上的資源：在這個場域裡有什麼可以派上用場的東西？少了什麼不可或缺的元素？太多陽光？太少水分？太多噪音，或著附近有養殖場的廢氣？

每一塊土地都有能量的流動，不只有風、土壤、水、太陽，甚至動物、聲音、氣味都屬此類。這個原則不只限於農村或郊區，在都市裡一樣適用。在都市裡彼此的影響和變動會更劇烈，尤其會出現各種外來的能量，例如市區高樓造成的風切，這樣的地形風對陽台、屋頂的種植影響很大，但卻很容易因為看不見而被忽略。觀察不是只用眼睛看，要觸摸、品嘗、嗅聞、還要用身體感受，保持一顆單純的心，先去接受，不要急著評斷，很多時候問題的解答就藏在容易被忽略的細節，甚至是問題本身裡。

都市種植同樣也須考量風、土壤、水、太陽等能量的流動變化。

舉例來說，很多人會覺得奇怪，為什麼買來的植物按時澆水，卻長不好？透過觀察我們可以發現，都市取得自來水非常便利，澆灌多半都直接使用自來水，但是自來水裡的氯會殺死土壤中的微生物，一旦土壤的平衡遭到破壞，植物就很難健康，所以我們從而得知水源仍然是都市種植需要考量的重要元素。然而，在都市裡的環境不一定適合建造生態池或種香蕉圈集水（詳見第五章），但若能妥善利用雨水、改善澆灌水源，便能解決這個問題：沿著屋簷集水，或是用寶特瓶罐接水，利用收集來的雨水澆灌。

再舉一例，很多人都有陽台種菜的經驗，一般人往往會從購買花盆、土、肥料、種苗下手，殊不知這些元素的品質來源都會影響了種植結果，土壤一旦失去營養，就需要不斷購買新土，既不永續，也不環保，若能由自己動手做來替代購買，既可確保所有元素的品質，也能讓廢棄的資源再利用。

利用廚餘製作蚯蚓堆肥便是這樣的思考下所誕生的設計，不只解決家庭廚餘，也物盡其用，系統性的解決更多問題：樸門常說問題的本身就是解答，廚餘是問題，也是解答。

設計方法二：分析，從觀察生活事物開始

你的場域可能有充分的日照，那麼設計時就要挑選喜歡太陽的植物，也需要透過設計創造一點背光或遮蔭，好讓不喜歡太曬的植物有個舒適的成長角落；如果你的場域缺乏水源，那麼就要考慮設計雨水收集系統與香蕉圈，也可能需要一個生態池作淨化、儲水，可種植涵養水分的農作，多管齊下讓缺水不再成為問題。

利用屋簷收集來的雨水澆灌，便能解決水中有氯的問題。

廚餘堆肥讓廢棄物變黃金。

知道怎樣善用這些資源，就跟如何清點、觀察到擁有這些資源一樣重要，這些能量如果能被妥善的使用，便會成為助力。然而，有些外來能量是我們必須要提高警覺、謹慎面對的，這些也是在一開始就要考量的。

比方說為了避免風雨、火災、洪水、都市高樓風切、地形風的侵襲，所以需要設置防風林、水池、圍籬、牆、道路、堤防；附近的野生動物也是能量的一種，保留適當的場域給鳥類和小動物，也可以避免作物損失等等。總而言之，透過好的設計，也可以管理好與外來能量之間的關係，讓它成為助力、或者降低它們的影響。

你需要觀察的項目

太陽	・陽光是如何照在基地上？包含方位、不同季節日光入射角、運行軌跡、遮蔭作用、日照天數、每天日照時間。 ・太陽的運行是否提供了基地可持續性的策略？
氣溫	・每月平均高、低溫；可能最低溫、可能最高溫。 ・熱天、涼天、以及遮蔭效果的氣溫變化。 ・氣溫變化造成的微氣候，或是如何改變微氣候？

風	・各季節風從哪裡來？風速多快？持續多久？起何效應？例如：風剪樹、土壤侵蝕、種籽傳播。 ・動物在哪裡最舒服？風可能提供家庭動力嗎？
極端氣候	・何時出現季節性暴風雨？有何影響、特性？是否引起閃電、水災、強（焚）風、蟲害傳染病等。
水	・分水嶺和集水區？水從哪裡來？流到哪裡去？ ・洪水和乾旱期多常、多久？在哪發生？ ・河川、灌溉、泉水和其他水源情況？水況是否健康？ ・井水的深度、水質和水量？ ・觀察水和坡度、方位、不同土壤、植被等如何互動。 ・地區性用水策略？
入口 公共設施 路權	・了解現狀，現有設施由誰所有、維護。 ・交通繁忙程度，包含重車、輕車，與人行道。 ・釐清區域內公設線路，如電、瓦斯、電話等主管單位。
動、植物	・了解本地動、植物的物種和作物，做一本適合共生、避忌的植物名冊。 ・保育和傳統物種能否適應本地，研究本地保育動物的可能性。 ・適合養哪些家禽家畜？ ・鄰居種些什麼？ ・建立種植物表，多年生、多層次、多樣性。
當地相關 法律情況	・基地的使用分區規定為何？土地相關法規？所屬主管機關？ ・哪些特定的動植物是禁止的？動保法的規範？ ・水權？建號？房屋基地限制？ ・地區未來計畫：既定分區計畫、工業、觀光、農業、林牧、溜地等。

土壤	・土質圖、土質類型、地質、土壤容易滲透嗎，物理特性、化學特性與ＰＨ值？ ・附近是否水災？是否為河岸？ ・土壤肥沃度、適合的作物、是否農藥殘餘、是否特定土壤區域。 ・黏土堆積處、地覆物累積等。 ・本地培養土壤的成功策略？
其他因素	・替代性能源的可能性？水力、風力、太陽能？ ・地區資源為何：木材、石材工廠、製造廠、醫院、學校、商店、消防局、垃圾場、免費植物和種子來源、沙、礫、木材、地覆物、水、飼料、黏土、石頭和機械、資源回收廠等
文史發展	・哪些先民或原住民住過？如何生活？在哪定居？吃什麼？農業或採集狩獵？獵什麼？是否圈養生畜？ ・多少人定居此地？農作範圍多大？居住的季節模式？曾種過什麼植物？當地耆老口述故事。
歷史紀錄	・之前誰住在這一區？如何生活？生活資源？是遷入者嗎？如何抵達？ ・前些年誰擁有這塊土地？如何分區？如何運用資源？是否經營事業？伐木、放牧或耕作？
現住民	・他們想實現什麼？想從財產賺錢嗎？想要更加自給自足或是在道德上和環境上變更友善？ ・為何想要採用樸門設計？找出同好者和組織的名稱和地址，還有老住民。
財務	・投入資本：抵押、稅金、維護費、公共設施、交通運輸、機械、農具、種苗、動物成本。 ・找出土地的收益，是否是永續性的生態生產和社會經濟？為誰？多久？花多少資金？ ・居民能否負擔義務性支出？資金限制為何？土地和住民對社區的貢獻為何？

設計方法三：設計並畫下需求元素，反覆再思考

面對一個空間，不管它是陽台、後院、住家、鄰里街角，或是完整的一塊農地，開始設計的第一步：首先，可以用簡單的目測、皮尺，或是用步伐測量，把基地的形狀畫下來，描繪周邊的環境、條件、重要設施，完成一張基本地圖。

然後，可以將你想要或需要的各個元素排列組合，看看它們是否適合擺放在相臨近位置，例如，大樹是否會遮蔭到臨近的菜園？雞舍堆肥區是否在活動空間的上風處？生態池所在的位置與風向的關係，夏天是否能帶來水氣降溫？思考彼此元素的輸入需求與產出，如何讓他們產生連結，便是管理者的工作。

有一個常常可以看到設計新手犯的錯誤，是在設計裡放了香蕉圈、鑰匙孔花園、麵包窯等典型樸門設計的元素，卻忘了彼此之間有什麼關聯。事實上，在樸門的設計裡沒有什麼元素是獨立存在的，每一個在系統中出現的元素，一定有它需要的條件、能提供的用處，能和其他的元素互動。

例如，香蕉打開的枝葉像是捕水器，具有儲存水的功能，於陰涼潮濕的環境中快速生長，也可改善較乾燥的土壤，加上同時具有淨化水質的效用，常做為中水處理系統的一部份，當然也可以種在低窪淹水的地方，因為香蕉樹本身含水質量高、成長快速可取得大量生物質量（Bio mass），適合堆肥也可與廚餘堆肥區結合，因此香蕉是很好的熱帶與亞熱帶的樸門植物，世界有三分之一的人以香蕉做為主食，產出的好處自然不在話下。

另一個看起來很酷的元素是麵包窯，除了烘培外，有製造的熱氣，煙薰驅蟲、提供二氧

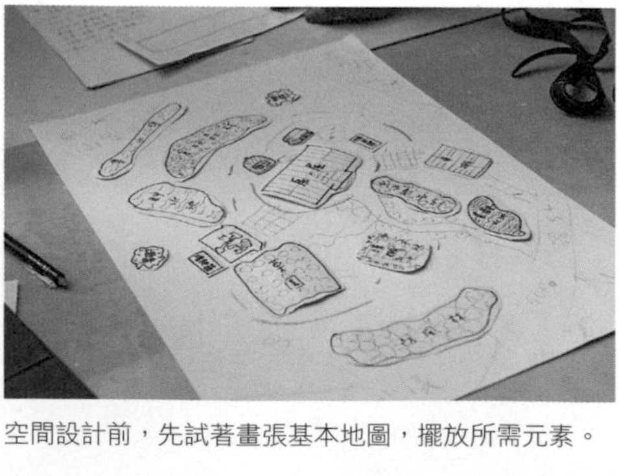

空間設計前，先試著畫張基本地圖，擺放所需元素。

化碳等功能（詳見第三章）。因此很多人都迫不及待的想要自己建造一個，可是麵包窯需要大量的柴薪才能燒火，你的土地上有沒有樹林可以提供柴火？烘培用麵粉、小麥能否自種加工，還是得依靠購買？搭配的食材取得（例如起司）能否自己生產？麵包窯需要有人去運作維持，但對操作者而言，夏天使用麵包窯可令人不好受，也和香蕉的生長習性不同，如果把兩者擺在一起，顯然就是沒有思考到他們各自的功能和任務特色。把這些全數考量進去，才能知道元素適不適合擺放在自己的場域中：任何配置，都需要好好思考相容性與衝突性！如果能朝每個元素依一定比例由當地系統支援，才有永續的可能。

設計方法四：執行與檢討，實踐並自我檢視

完成了設計，即使配置再周全，計畫寫得再精彩，都不算最終的定案，真正的樸門精神在於實踐。記住，樸門是開放而保持彈性的，要接受發生錯誤與調整的可能，自然也是適者生存，不要因為不能按照自己的計畫來而感到懊惱！本書寫到的許多我的小撇步，也是我在這十多年間，在實作中不斷的因應現場環境而調整修正的經驗與心得，每個人的實踐也都需要因應你的環境而有所調整。然而，樸門實踐中，千萬別忘了過一段時間就要拿出你的計畫，檢視一下是否仍朝著你所設定的目標前進？還有更重要的，讓自己持續著最初投入時的感動！

香蕉功能性多，是很好的樸門植物。但任何配置，都需要好好思考元素之間的相容性與衝突性。

以分區規劃實現住家野趣、農莊經濟

在樸門永續生態農業理念中，一個完整的空間，應該要由合宜的分區規劃組成，才能節省能源、自給自足，並且能夠永續而生生不息。分區概念主要是依據「距離」與「使用頻率」來劃分區位，一般來說，以人的活動為中心，使用頻率最密集的區位為〇區，最不密集的五區通常距離日常生活最遠、也是最少觸及的地方，〇～五區，會層層往外擴。但也有例外，例如，文字工作者或思考型工作者，需要思考觀察，可依使用目的將五區放在廚房後院，坐在椅子上就可以親近自然。

〇至五區的基本定義

當比爾．墨立森在澳洲提出樸門學說時，他對於〇～五區的主要定義如下：

【〇區】

指的是房屋、家屋，包括溫室、生態廁所，是使用人與活動最密集的區域。

【一區】

這區是支持每日生活所及的空間，包括可以日常採集青菜、香料的地方，如螺旋花園、鑰匙孔菜園等，也包括儲水、廚餘堆肥、晾衣服、工具間、麵包窯、柴薪堆放區等，最靠近房屋，距離必須近到方便天天造訪。

【二區】

在這裡種著不需要每天照顧的多年生植物，例如小果樹、灌木，可建立支援生活區所需的食物森林，也會配置比較大型的戶外堆肥場或飼養蜜蜂、小型動物、家禽等，還有設計中水處理系統如香蕉圈。

【三區】

這區是經濟作物區，種植規劃出售或是自用的主要作物，可能是稻米，或是果樹，也可能是動物養殖或大型動物放牧區。每周、每季或動植物產季，非經常性照顧需求者。

多功能的風雨教室是野蔓園的雙〇區之一。

在店門口種些香草植物，方便隨時取用。

【四區】

是半人工管理半野生的區域，可稱為採集放牧區，主要是間接支持性的森林或防風林；一般僅採集作物，或拾取柴薪，是低度使用的區域，也可作為永續森林經營。

在這裡要特別介紹一下防風林的功能，它可以調節風速、保護植栽，主要設計在冬季的迎風面，而有效的防風林不會是與風向垂直的單一行列，要設計為參差層次才能有效削弱風速。做為防風林的四區未必會在基地邊陲，也會因應植栽的位置分布，如隔離氣味、視覺不佳景觀、噪音等，雖然經常被忽略，但是非常實用的元素之一。

分區規劃的原則

分區規劃表

分區	用途	使用頻率
〇區	生活中心：房屋、溫室、起居設備、廁所等。	每天
一區	工作間、花園：菜圃、工作室、堆肥、蚯蚓養殖場、水的貯存、晾曬衣物等。	每天(需要不斷的觀察、經常到訪和付出工作)
二區	食物森林：養雞場、密集式栽種各種果樹、灌木、防風樹木、梯田、灰水等。	二~三天一次
三區	經濟作物區：種植經濟作物、家禽動物、糞肥、防風樹林等。	一周一次或每季為單位
四區	半管理半野生區域：設於森林旁，整理以用作野外聚會、森林及燃料需要、不修剪的樹木等。	每個月一次或每季
五區	自然野生區：用做學習及觀察自然的地方。	一個月或更久，也可每天

自然的森林區就是我們觀察、沉思、放鬆的五區。

【五區】

完全不介入與管理的自然野生區，也稱森林區，人類不干預自然系統與循環，只學習與觀察自然，沈思與冥想，這也是樸門特殊的「自然保留區」，其他農業經營管理中，並沒有第五區的概念。在這裡，演替的過程自然發生，創造野生動物的棲地，也是留給其他生物轉圜與滋生的空間，保留當地的原始生態。在《雜食者的兩難》一書中介紹牧草農夫薩拉丁的農場，就提供大片土地作為森林區，形成生態食物鏈，保障畜牧的動物更好的生活空間。

讓有關連的元素放一起，更有效率

分區概念的設計裡，重要的是思考相對位置。從家出發，房屋、小菜園、廚餘堆肥放在可以相互支持助益的位置：可以提供新鮮蔬菜的小菜園距離住屋要近，利用住屋高低差設計的雨水回收可以方便澆灌菜園，如此配置，節省了大老遠到菜圃澆灌的勞力成本。

這是一種思考有效率規劃的練習，例如，即使是不耕作的放牧採集區，也要思考動線，如何讓其他工作更有效率：前往牧場的路上還可以做什麼？把這趟路和收集柴薪的工作合併，是不是就可以省下更多時間和勞力？這些配置不必然有一定的順序或位置，這時必須再回過頭來看你的地圖，依照空間環境條件分區。以野蔓園為例，基地是個逐步上升的扇形基地，扇柄位置是一區、〇區，然後次地往地勢高處分別是二～五區。

設計後的分區規劃須經討論、調整出最適合的配置方式。

公園改種可食植物，都市人也能成為快樂農夫。

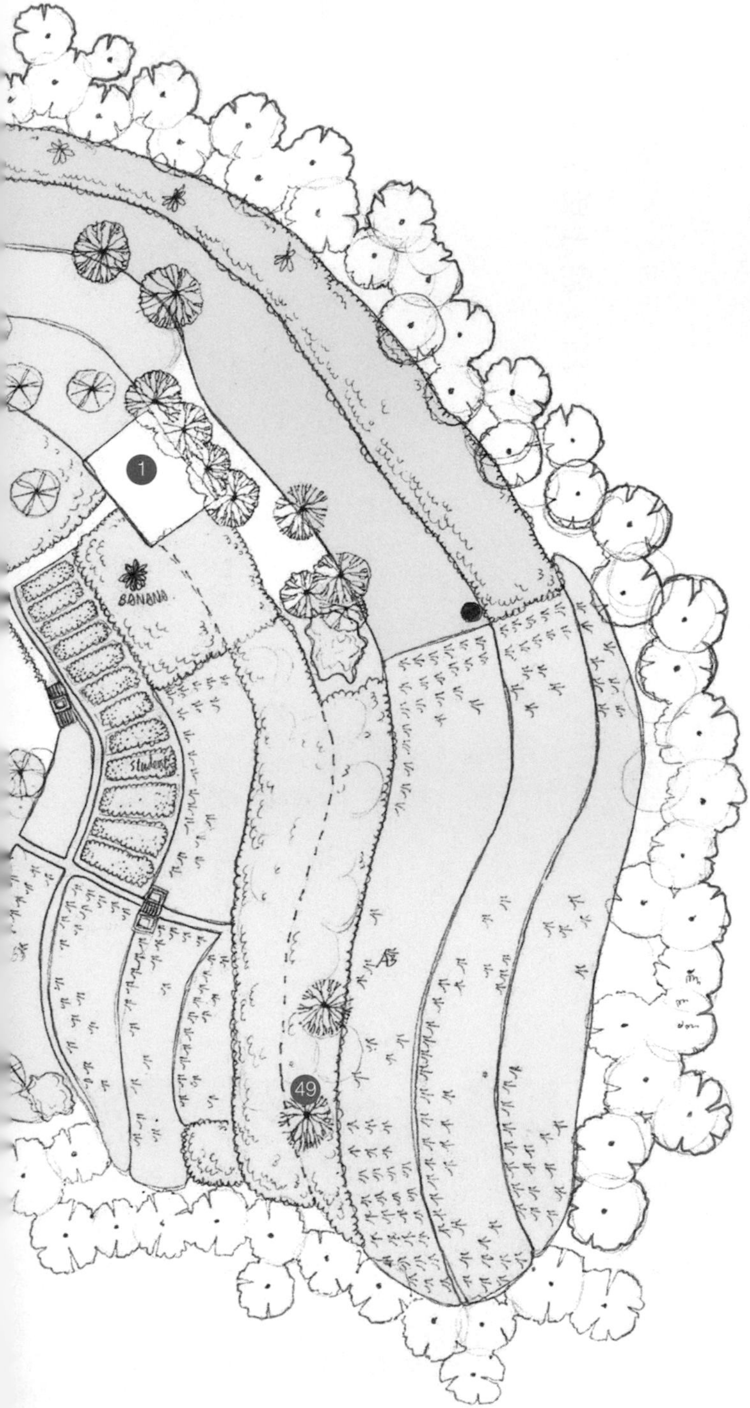

野蔓園分區規劃圖

22、50 食物森林（鑰匙孔花園）
24 螺旋花園
3 麵包窯
43 蚯蚓公寓
29 生態濕地
2 堆肥廁所
23 蔓陀蘿花園
46 香蕉圈堆肥
29 生態池
25 香蕉圈浴室
56 柴薪堆放區
1 自然建築（主屋、風雨教室）
47 集水渠（標示線條的地方）
46 香蕉圈
45 18天堆肥
15 桑椹
49 防風林、緩衝帶、生物棲地

0區
1區
2區
3區
4區
5區

N

45
46
47
15
47
56
1
23
46
29
25
29
2
43
3
24
50
22

分區規劃同時也是一種思考方法，可以幫助設計者將各種元素放在適當的位置。

在樸門發源的澳洲地廣人稀，找到低度開發的空間實踐分區概念並不困難，但在人口稠密的都市中，生活空間當〇區都覺得擁擠，有沒有可能規劃出〇～五區的設計呢？

住宅也可以做完整的分區規劃

世界各地已經有越來越多「都市樸門」的案例，主張、推廣在都市中也能當個快樂的農夫，只要善用「分區概念」，分析並檢視日常生活場域的使用狀態，將空間做更適切安排，也能實現都市樸門的夢想，就算是一個陽台，也可以精彩的分配出不同區域，讓都市種植更加有效而輕鬆。

分區規劃的概念若是套用到都市裡的一般家庭，有別於在農場上生產的目標較為一致，每個人的分區也會有小小的不同：例如，媽媽的一區可能是廚房、爸爸的一區往往是客廳、孩子們可能是書房或遊戲間，而可以種植少許蔬果的前、後陽台，則是二區。

分區無所謂大小、規格，所謂一花一世界，透過陽台植栽設計，當你悉心照料盆土上面的那座「食物森林」，用心經營盆土上那「一方寸之地」，從花盆、陽台、屋中一隅到自家後院，就可以觀察到大自然的無限生機。

不知你有沒有這樣的生活經驗？煮飯前，去陽台拔一棵蔥，到花盆去收成小蕃茄、羅勒葉。不要小看這一小塊陽台空間，可以讓都市人有一塊自己動手去感受微自然的園地，

把窗台設計成垂植栽種的小菜園。

這也是都市樸門的起點。

以樸門永續發展協會外的一棵土芒果樹為例，這棵樹生長在鄰家的庭院，綠意逼近窗邊，我曾經看過野生斑鳩到我窗外花台來築巢、下蛋、孵化到成鳥離巢，完成生命的循環；春天的時候，果樹結了果實，摘取生果可以醃漬成酸脆消暑的情人果；夏天摘取熟果食用，品嘗到的是在地芒果的香甜味。這棵土芒果樹提供每天的綠蔭，創造了一個小小的生態，又適時的產出食物，扮演了二區的功能，也提供觀察自然的五區空間。

分區的概念，可以依據你所處的環境條件，用各種各樣的形式發生。無論住在社區大樓還是透天厝，你可能在窗台設計一個垂直栽種小菜園，前陽台雨遮旁做個雨撲滿回收雨水，廚房外的後陽台放了一桶土和木屑，把每天的廚餘拿來養蚯蚓或做成廚餘堆肥，這些都是你的一區。

而二區，可能在一樓小庭院，大樓退縮的大露台、或者屋頂上，多層次的栽種屬於自己的食物森林；周末，和鄰居一起在社區的公共空間種可食風景、菜圃，如瓜豆類、香草，在社區圍牆搭個絲瓜架，收成時大夥一起手作菜脯、絲瓜餅，辦起社區廚房，熱鬧起來順便舉辦跳蚤市場，把家裡不穿的衣服、玩具拿出來以物易物，把自家做的麵包、果醬來出來販售或交換……這就是二區和三區運用的概念啊！

都市裡〇～五區的實踐，我遇過一個非常經典的案例，一對曾經居住在外國的台灣年輕夫妻，為了照顧父親搬回台灣，親戚借出一棟位在堤防旁，窗戶破開、長年漏水的四樓透天厝，考驗著他們如何應對。

這對小夫妻應用樸門分區規劃，一樓開放社區使用作為安親及老人送餐社區廚房，同時在河堤邊種菜及認養社區公園做可食風景，成為二區；自己住的二樓和開放給換工及社工居住的三樓，是他們的〇區和一區；四樓因漏水嚴重，非常潮濕，就規劃種植耐濕的室內植物甚至栽培菇類，成為三、四區；而已經長出雜草的四樓頂樓，做為五區（森林區）任攀附在建築的植物生長。如此〇～五區垂直分佈在一～四樓，形成一個欣欣向榮的樸門小社群生態系。

都市樸門的分區規劃原則

都市樸門的分區規劃表

分區	類型	用途	使用方式
〇區	住宅	居住	
一區	前後陽台、門廊、庭院	支持生活隨時所需	屋頂花園、陽台、溫室、香草花園
二區	社區菜園、鄰里公園、學校	日常所需	社區菜園、堆肥、食物儲藏、保存加工場所、農夫市集
三區	工作場所、商業空間、工業區頂樓或空地	經濟收入	苗圃、果園、養蜂、小型家畜養殖
四區	河濱步道、大型公園、綠帶	採集	草原、森林
五區	臨近都市周邊的大自然山林、海邊、保育地、濕地	放鬆、觀察	天然種籽庫、生物廊道、棲地

不只居家，在辦公室中，你也可以運用分區的原則，例如最常使用的文具、文件，放在最方便拿取的抽屜，影印機是辦公室社群共同使用的空間，所以不會擺在離大家太遠的地方；至於半年或一年才會使用到的活動道具，可能就放到邊角的部門儲藏室，而留查備檔用的重要資料，既不需要時常拿出來翻看，但又需要留存，就收到倉庫去了。

過去幾年來許多人都想追求樂活自然的生活，都市樸門從過去的發展案例已經顯示，這是現代都市過度消耗下，回歸永續綠生活的方式。在分享了觀察與設計分區之後，從下一章開始，我將更具體的以野蔓園實踐的經驗，依照各分區功能和元素設計一一拆解，並精選經典常用的設計與觀念，讓讀者更了解，如何因地制宜的在都市中過著永續、自主的生活。

小公園就是社區的二區。

SHOP
FAIR-TRADE
回收站

社區也可以依樸門原則分區規劃

3

chapter 3

動手設計創意綠生活

Zone0

〇區簡單來說，是承載人類生活本能中，最常使用的區域，在農村裡，指的是農舍；在都市，指的就是住家了。

大自然沒有廢棄物

樸門既然是生活設計，我們就從每天生活中，最頻繁使用的空間開始說起，也就是我們所說的〇區。樸門分區設計規則是縝密思考過的結果，一個區域內要兼顧多種元素以及效用，考慮人類使用的頻率、生活勞動的比重程度，以及生活在其間的動植物需求。

在野蔓園，〇區包含著一進門就能看見的溫室主屋，以及志工們生活的房舍，涵蓋飲食起居、睡覺休息、上課學習等主要功能，有著開放的廚房、大型工作檯等等，功能、設施和農場裡的農舍相當，而對照都市空間，大約就是住家裡的客廳、廚房、寢室、浴室、和廁所了。

方便的背後是多餘的浪費

長久以來，我們享受工業科技帶來的便利，生活習慣依賴石化能源，例如隨手一開，就有許多「自來」的能源，開瓦斯有自來火、扭開龍頭有自來水；污水很理所當然的隨管線排出去，不要的東西只要包一包，趕上垃圾不落地的垃圾車，就能眼不見為淨。

方便的背後常常隱藏著能源浪費、廢棄物污染，或者處理廢棄物時，需要運送、焚化的燃料、污水淨化過程需要的動力、投資等等，造成更多的耗費。由此可見，〇區往往是高度耗費能源的空間。而我們也習慣依賴專家、相信公權力解決問題的能力，但很多時候解決問題的同時又製造另外的問題，就像為了解決廢棄物的問題使用焚化爐，卻因燃燒不當而產生戴奧辛等等。

面對這些問題時，樸門人要有發現並試著解決問題的能力，而不是將問題丟給別人傷腦筋，「如果你不是解決方法的一部分，那你就是問題的的一部分」。其實不論在農場或都市，都可以透過樸門的方式設計房屋與生活空間，妥善處理生活資源和水源，使用再生、清潔的非化石能源。莫因善小而不為，能少用就盡量少用，也是對環境的體貼。

以廢棄溫室改造的主屋，是野蔓園的〇區，屋內的大工作檯面是生活區，也是教室。

自然的好宅
自己蓋

現代建築無論在施工過程或者翻修、整理，都產生非常大量的資源耗費和環境負擔，自然建築的意義，是讓已經習慣「買賣」房屋的我們思考，如何在生活空間中結合在地自然元素，以及整合建築物與健康、價格、周邊環境的關係。有沒有可能讓建材取之於當地，用之於當地，當不用時，可以回歸土地？最新的農業土地使用農用儲藏間建物規定已不再限制材質，可以自然資材興建，但農舍不在此範圍內。我們也不鼓勵買地興建豪宅、蓋農舍。

以野蔓園為例，〇區就是以自然建築方式搭建的主屋，材料多是回收的二手舊料，如木料、輪胎、舊玻璃瓶、水泥塊……。屋內有廚房、簡單的大工作檯面，生活區因洗菜、洗碗、盥洗而產生的中水、廚餘等，看似廢棄物其實簡單處理就能再利用；多走兩步路的距離有通風良好的麵包窯，爐窯裡的草木灰、乾式廁所的廢棄物，都能完美地變身，實現樸門「捕捉與儲存能源」、「運用在地生物性資源」的「多功能」的原則。

1 自然建築：會呼吸的房子

廣東的苗族居住在崎嶇山區，平地甚少，他們會把地勢平坦的土地用來耕作植栽，讓作物享有最充足的日照，同時在相對陡峭的山坡，發展出吊腳樓的特殊建築形式。數百年來，用智慧融入起伏畸零地形的聚落文化，迥異於近代人為了自身方便，拚命與自然爭地的景況。

我喜歡用這個例子說，人為的建設不一定不好，主要在於有沒有「關懷地球（earth care）」或友善環境的態度。樸門人重視自然建築，在於講求取法自然、就地取材、能源耗用少、適宜當地風土條件、有個人風格，以對土地友善的施作方法，這份對於生活場域的重視，是其他農法少有著墨的。很多現代人嚮往農村生活，有能力者買農地、蓋農舍，自己享受田園生活，但忽略土地長久使用倫理，實在是很可惜的事情。

野蔓園曾舉辦一系列搭建自然建築的工作坊，例如使用石頭做基座，土磚做牆，竹子結構及稻草編牆、做屋頂；回收玻璃瓶做牆壁鑲嵌，不但有美化效果，更讓建築有很好的採光效果，石灰、馬糞及天然礦石色母做塗漆，以使用最少耗能建材的方式來搭建生態廁所。而生活用的主屋到了使用年限後也再次整修重生，志工們合力替換腐朽的木頭柱幹，板材舊料則回收再使用，重新搭建！

鄉間常見的土角厝、石頭屋等，都是就地取材的自然建築。

許多人問我，為什麼不一勞永逸的以鐵皮屋、鋼構建材蓋一次可用幾十年的主屋？我的答案一是對環境不友善，二是會讓要學的人得等五十年後再來。野蔓園的設計目的之一是樸門教育推廣中心、是學習場域，更不能說一套做一套。

我們生活在都市裡，也許很難蓋一棟完全採用自然建築的房子，但可以局部導入一些友善環境又健康的材料，例如以適合台灣潮濕氣候、會呼吸的石灰取代塑膠漆，可防壁癌、白蟻，又能避免甲醛、塑化劑等有害健康物質的侵害，且比環保塗料省錢得多。

興建自然建築是與環境互動的有趣過程，但該用什麼樣的建材？要注意因地制宜，依據所在的氣候、風向、日照搭配設計，房屋會更宜居，也將可更有效的節能。

樸門小辭典

就地取材，創新工法

自然建築的建材皆為就地取材，例如英國威爾斯的傳統家屋，用當地高可塑性的土團（cob）蓋房子；土團同時也是做麵包窯的材料。除了土團外，國外近年更流行「土袋屋」（earth bags），就是將混合比例的土裝進麻布、聚丙烯材質的袋中，像砌磚般層層交錯堆疊建造的房子。

在台灣，土角磚是許多傳統民居常見的建材。雲林農業博覽會上，「鳥建築人」團隊曾用水庫淤積的黏土加入沙子，混入廢棄的稻稈、稻穀與當地的蚵殼，砌成土磚。傳統上，也有以新鮮牛糞，依比例混合黏土、稻桿或稻殼塗在「竹筋」上風乾，就是一間會透氣、呼吸的土角厝。

曾有一說，台灣老城牆，如安平古堡，砌牆的配方是糯米、蚵粉、黑糖、石膏粉等。民間有許多達人在嘗試配方，在野蔓園，我們也曾經嘗試各種不同比例的糯米混合石灰，試著用古老生活智慧實驗出最好的土磚比例。

其他建材還包括乾草磚（straw bale），將乾草壓製成大塊磚形，疊砌成牆，施工快速、輕量，適宜用於溫、寒帶氣候。泥、竹、石、木、瓦、紙漿、牛糞都可以成為自然建築的素材，其中竹子成長快速，屬於再生建材，近年來成為東南亞熱門的新興建材，有許多創新工法、技術，也是樸門推薦使用的植物元素之一。

自然建築vs.綠建築

自然建築：取之自然、回歸自然，用當地的材料、規模較小、使用低科技便可完成的建築模式，並強調蓋房子的人本身的創造力與勞力付出——從觀察自然、順應自然、與自然共工，這也是樸門重要的理念。綠建築：目標雖同樣是節能減碳，在法規上以生物多樣性、綠化量、節能、廢棄物減量等九大指標，也注重環保與能源效率，但仍運用現代鋼筋水泥這類不友善的營造材料與技術，規模也較大，而部分節能產品其實也有廢棄物處理的問題，對環境還是會造成相當的衝擊和影響。

台灣傳統常見的建材包括土、稻穀、竹子等。

2 堆肥廁所：肥水不落外人田

以前還能聽到有人用水肥澆菜，有了抽水馬桶後，雖然變得很方便，卻把對植物最營養的肥料都沖走了，怎麼辦呢？在野蔓園區裡，便是以乾式堆肥廁所作為取得沃土、自然肥料的開始。

廁所不沖水，多數人直覺認為會發臭，事實上不然。最陽春的乾式廁所只要有個糞桶接排泄物，使用完後鋪上一層木屑跟稻殼，就能讓廁所即使不沖水也不發臭。

木屑會吸水，可以降低異味的發生，也能調整濕度，避免因氧氣傳導受阻而變成厭氧發酵；稻殼內有微生物可以幫助堆肥分解熟成；而覆蓋會讓每一層包含一些空氣，形成好氧發酵。等桶子快滿，在上方鋪上十公分厚的土，再加些蚯蚓後，可直接種植，等二～三個月後整桶大肥都會分解成腐植土。

我在市區的家中也做了一座這樣的廁所，不僅能解決生活污水的問題，提供都市種植時所需的土壤與肥料，還能省下不少水費，像這樣的廁所，很適合缺水的地區使用，既不耗費水資源，又能再生沃土資源，是樸門生活對地球最好的反饋。結合自然建築的工法，以及與樸門操作原則裡「美一點會更好」的精神，野蔓園的乾式廁所實用又美觀，因為對環境友善，故號稱六星級：考量收集清運的方便性，採架高設計，用石塊與水泥做出基座，並預留了便於取出糞桶的開口；基座之上用土磚砌出牆體，再以厚木板做地板，木板中央開洞，洞下方放糞桶，或是直接堆放。

廁所牆面以竹子做竹筋，編入稻草、抹上稀泥（welt & dore）的技法，牆體嵌上不同顏

用點巧思，住家馬桶也能改造成堆肥式。

野蔓園的堆肥廁所，使用後灑上稻殼，不僅不會發臭，還能提供植物最佳的渥肥。

色的玻璃瓶，既可以讓光線透入，又有美化效果；牆面以自然顏料上色，雕刻出各種圖案。最後蓋上竹片、塑膠波浪板及舊回收玻璃門當屋頂，再搭配加上雨水收集系統（詳見第四章），最後替「糞坑」做個木蓋子，不用時蓋起來，大功告成。野蔓園很歡迎大家來交流切磋，話說肥水不落外人田，但請記得離開前去一趟廁所，為農場的植物們留下肥美能源、養份，也可以說是不虛此行。

3 麵包窯：包含六大樸門元素的超人氣設計

野蔓園從九年前做了第一個土窯開始，成為很受歡迎的一項設施，媒體也競相採訪，更帶動了麵包窯的風氣，許多人開始一窩蜂跟進，甚至把窯做為吸引顧客的亮點。

為什麼蓋麵包窯？因為它完全符合樸門六個永續元素，水、土、能源、植物、動物（pizza中加的起司）、人與社群（一群人做窯的樂趣）的條件，為了推廣樸門，同時為了傳達食物里程減碳的觀念，我也嘗試自種小麥，推動食物多樣性，於是在野蔓園以麵包窯、窯烤pizza開設手做體驗課程推廣食農理念，將食物循環系統串連完整。

麵包窯不只能生產出麵包、pizza，可自然烘乾茶葉、蕃茄、果乾等農產加工品，燒窯產生的灰、熱能成為農場的能源，透過活動兼具親子共樂的娛樂效益，還有劈材生火等的生活技能練習，除此之外產出提供植物需要的二氧化碳，在「多功能」及「許多元素組合系統」原則上，是非常樸門的。通常麵包窯體積不會太大，也正是嘗試自然建築的最佳入門練習。野蔓園裡的麵包窯完全就地取材，土取自捷運信義線施工時廢棄的松山層

麵包窯是野蔓園最受歡迎的設施之一。

黏土，稻草及木材燃料都是取自園區，達到「廢棄物零產出」的原則。

相較於其他自然建築，造窯的困難度不高，只有在打造基座時需要一些水泥工技巧：首先用石塊或空心磚疊出基座的高度（約三～四塊的高度），放上自行製作的水泥板或舊木板，再往上將磚頭交錯相疊出框架；接著，陸續在框架內放入舊水泥塊、碎石、砂，壓緊整平，最後依序放上玻璃瓶、鋪砂，或者也可以選擇用安山岩或觀音山石封底，這樣基座便大功告成。由於基座關乎麵包窯的耐用度與安全性，若經驗不足，可求助泥水師傅或有相關經驗者。

打好基座，就可開始製窯。製窯前首要攪拌泥土，依照泥土土質的不同，再混入適當比例的乾稻草、砂、水，揉成約三十公分長的黏土團，而我說的適當比例，就是混拌後土團要能「拿在手上微晃十秒不斷裂」這樣的強度標準。黏土團做好先放在一旁待用。

緊接著，在基座上堆起柴火燃燒室，火室直徑大小視基座大小調整，這是窯體成功的關鍵：由上往下平抹，做成窯的內模型，然後貼上報紙，噴灑少量的水，讓報紙可附著在沙堡模型上，再貼覆黏土團，注意土團要以交互堆疊（交丁）的方式，結構才會穩固，貼滿後，留一個約六十公分寬的ㄇ字型窯口。

接著耐心等待幾天，直到黏土團乾燥成形。這時要檢查窯體有無重大結構問題，例如是否出現大裂縫，若有，可再用一些黏土補強；確定沒有問題後，便可把內層的砂子從窯口處盡速挖出。最後，在最外層使用黏土、石灰混合水，以及礦石色粉，調和後塗在窯體表面，讓窯外觀變得光滑，若有興致，還可以加上鋪面、馬賽克磁磚、手繪等裝飾。

為推廣樸門，野蔓園導入麵包窯以傳達食物里程減碳的觀念。

黏土團製作方法

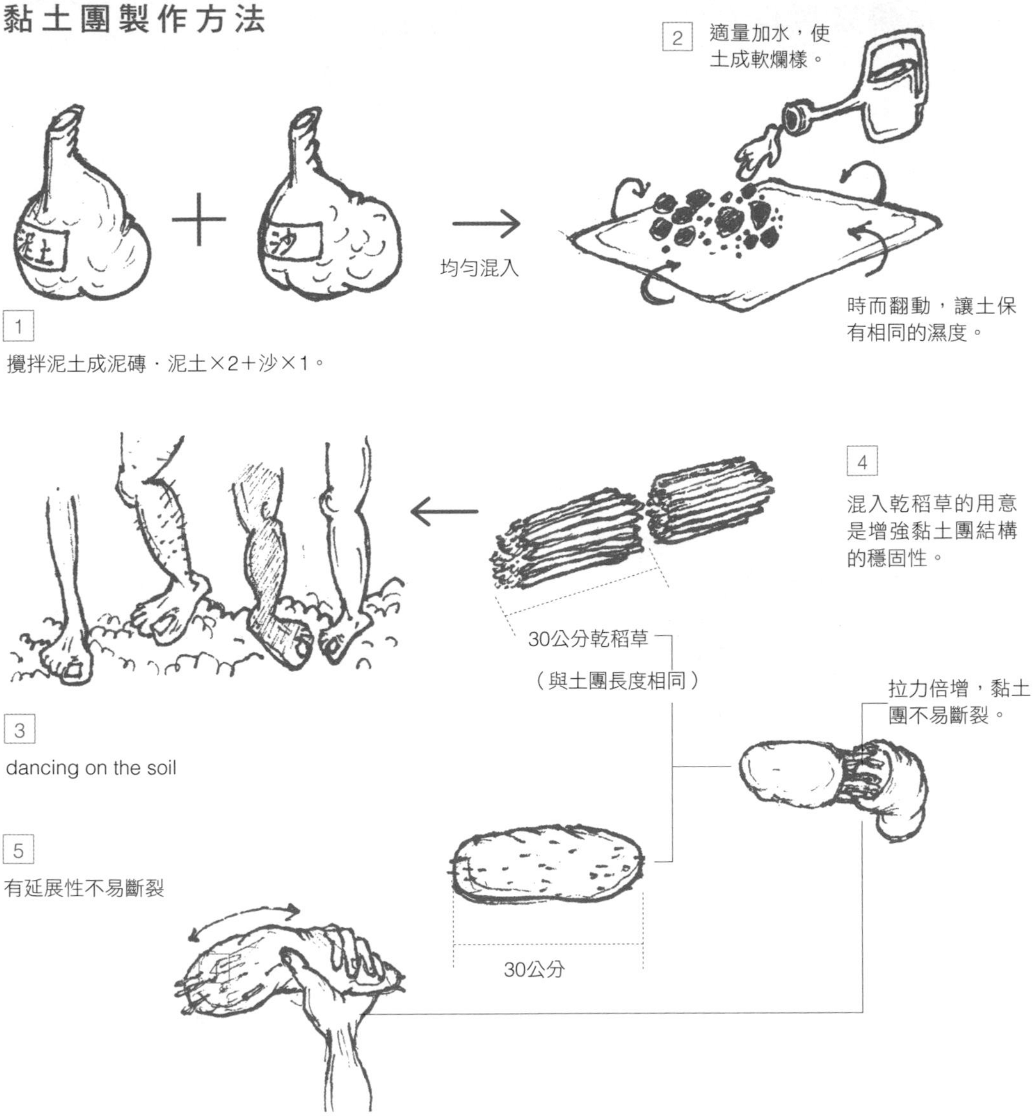
2
適量加水，使
土成軟爛樣。
泥土
沙
均勻混入
時而翻動，讓土保
有相同的濕度。
1
攪拌泥土成泥磚，泥土×2＋沙×1。
4
混入乾稻草的用意
是增強黏土團結構
的穩固性。
30公分乾稻草
（與土團長度相同）
拉力倍增，黏土
團不易斷裂。
3
dancing on the soil
5
有延展性不易斷裂
30公分

柴火燃燒室製作方法

1

中型窯直徑約90～110公分
（一次約可烤20個麵包）

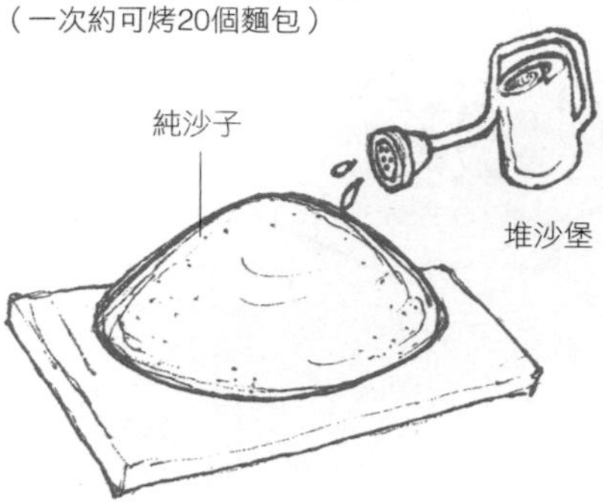

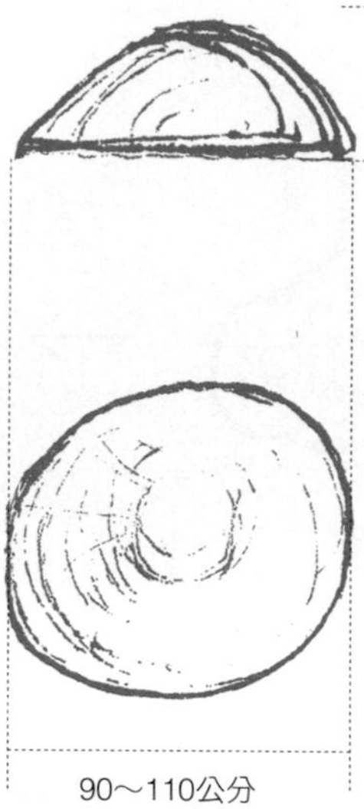
60公分
太低：燃燒不順
太高：浪費木柴

沙堡頂端盡量製作成圓弧形

保溫效果較佳

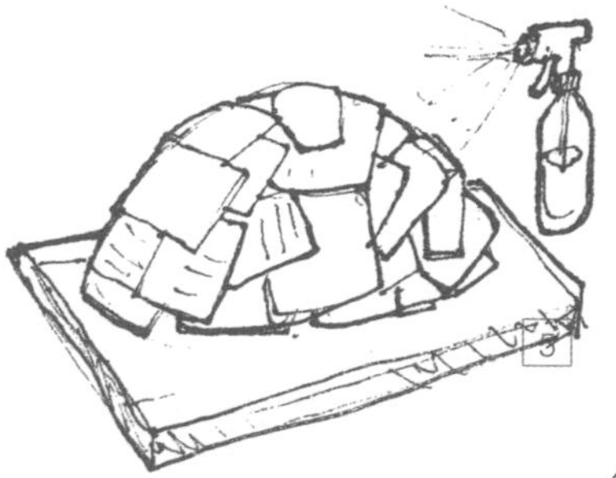

2

在模型的外牆上貼一層報紙，並以少量的水噴灑，以利附著在沙堡上。（報紙的作用在隔離黏土團與沙子，方便蓋好窯後的清沙作業）

3

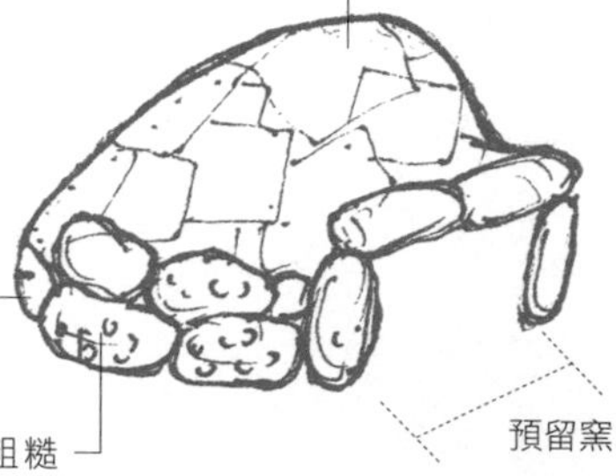
第一層
越底層要使用
乾稻草比例較
高的黏土團
第二層（製造粗糙
的表面）
預留窯口（約60公分）

4

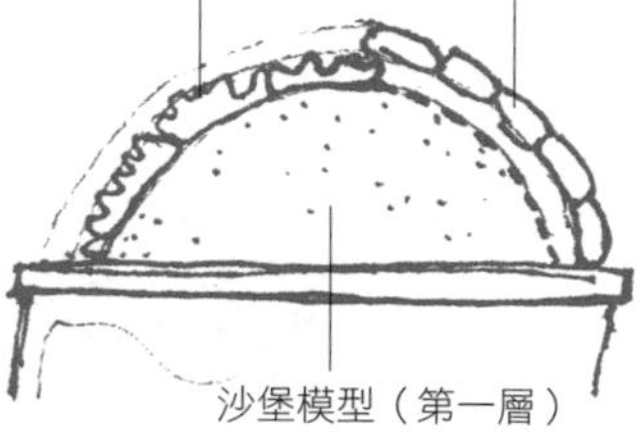
充滿孔洞的黏土團
（第二層）
光滑的黏土團
（第三層）

堆砌的同時壓填好接縫處

5

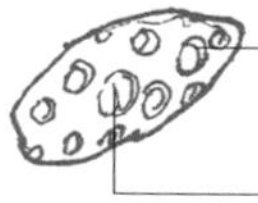
用手指戳洞產生孔隙，
增加日後保溫效果。
將熱能保留在孔隙中。

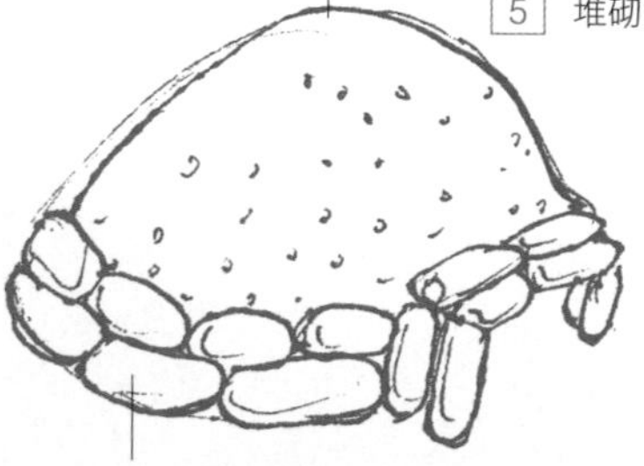
第二層
第三層（光滑的表面）

6

壓填接縫的同時要注意保持土團的厚度，勿拍打成扁條狀。

待填土團乾燥之後，即可挖出沙堡裡的沙，開始烤麵包了！

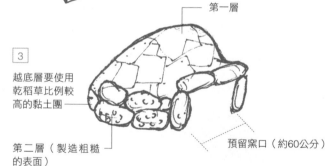

省省省！環保廚房學問大

每到開飯前一個多小時，就能見到野蔓園的廚房裡，有人劈柴、有人生火、有人進進出出摘取準備食材，頗有部落共食的氣氛，很多人很喜歡這樣的趣味。相對都市現代生活，農場裡一切都得自己來，生活變得「不便利」，當大家一起動手做，並享受成品時，會感覺到滋味特別美好，也更能珍惜「誰知盤中飧，粒粒皆辛苦」。

4 火箭爐：從心學習、認識清潔能源

瓦斯爐是人類飲食史上非常重要的發明，扭轉開關火就點燃，而且火苗可大可小，想大火炒還是細火燉，各種烹調手法的菜餚都能搞定。想像一下，萬一有一天發生超級地

野蔓園像個共食部落，大家合作完成盤中美食。

震，運輸、通訊、電力、瓦斯系統全部中斷，我們該如何過生活？如果家家戶戶都有簡易的火箭爐，至少還能在公園、路邊撿些枯枝枯葉，維持燒柴煮食的基本需求。

用柴生火不難，尤其在野蔓園裡，修剪樹木枯枝就是我們的燃料，難的是炊煮的工具。園區裡，用的是自製的火箭爐代替瓦斯爐。火箭爐利用煙囪效應，熱空氣膨脹上升力度，加速燃燒，且火焰向上直竄，有如噴射引擎的尾焰般，所以為名。

製作方式也不麻煩，可利用廢棄的奶粉罐、鐵桶或是磚塊即可。準備兩個鐵罐，一高一矮（長度比例至少三比一，較易有煙囪的效果），先挖空矮罐底部，高罐側邊靠近底部處挖洞插入矮鐵罐，形成L型。再把取下的矮罐底部鐵片稍為折疊，卡入開口，使它成為上、下兩層。

生火時，先在高罐塞上樹枝與報紙，從矮罐上方口加柴引火、調整火力大小，需要大火就多添加柴薪，下方口用來確保空氣進入，不論要小火燉煮、中火燒水、大火快炒皆能完成。

基本上這樣的形式已經可以生火煮食，但熱會散失，而且加熱時溫度很高，有安全疑慮；最好外層加上一個更大的鐵桶，或是土包起來，一來安全，二來還可以保溫、斷熱，可達到集中火力減少熱損，產生最有效的能源效益。

近年來流行露營、戶外野餐，火箭爐不只可用來野炊，家庭裡也可以做為一個有效利用能源的炊煮方式，透過燃燒枯枝落葉，達到「零廢棄物」的目的，既節約能源，又符合樸門在地資源運用的精神。

製做火箭爐高、矮罐比例要拿捏得宜，才能產生煙囪效果。

有人認為燃燒柴薪會製造煙與灰塵，對空氣不好，我無意爭辯，但好的設計或用木氣爐（wood gas）可達到完全燃燒，甚至不會有灰燼產生。回想書本知識：「黑煙是燃燒不完全，成分多是碳，白煙則多是水份造成」，這些取之自然回歸自然，和採集、輸送與使用石油瓦斯所產生的環境破壞，孰輕孰重不言而喻！

火箭爐解析圖

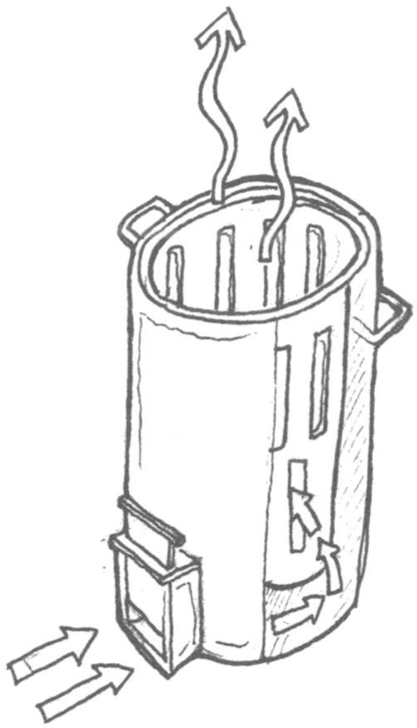

亞曼小撇步

燃料

如果在都市裡柴薪取得不易，可盡量使用生物燃料，如生物碳，它是一種熱裂解生物質能原料後的產物，類似木炭，主要的成份是碳分子，燃燒後的灰燼再回到土地裡，可讓土壤增加空氣與淨化水，也能幫助植物生長，達到在地資源循環的目標。

火箭爐火苗可大可小，想大火炒還是細火燉，任如人意。

5 草木灰妙用多：食用、藥用、清潔用～通通非常好用。

使用火箭爐、麵包窯後，柴薪燃燒會產生許多草木灰，這些草木灰妙用多，除了是最環保的清潔劑，還能調整土壤、水質的酸鹼性。

草木灰吸附油污的能力很強，只要在裝過柴油、有機溶液的桶子，同時丟入石頭與草木灰，放在地上滾一滾，就清潔溜溜了；拿來洗碗也非常的好用，使用過後的碗盤只要放入一點點草木灰，再用絲瓜布輕輕一抹就乾乾淨淨，而且對環境幾乎沒有負擔。

阿嬤的古早智慧是將草木灰加水攪拌，靜置一夜，取用上層黃色的灰水，可用來揉麵，作成鹼麵，或者拿來泡米包粽子，作成鹼粽；在野蔓園裡除了取代洗潔精外，以草木灰研發創意產品——「草木灰豆腐」、「草木灰肥皂」，實踐樸門「物物相關」的原則，將園區內生活所需的相關事物與功能都發揮的淋漓盡至。

此外，草木灰成分為碳酸鉀，屬鹼性的鉀肥，能夠促進植物根莖健壯和枝葉茂盛，可拿來改善酸性土壤，也可殺死土壤中有害的線蟲，還能當做植物的根莖癒合劑，是一種非常好的肥料。有時候在實作扦插時容易弄傷植物，只要在植物的傷口上塗上一些草木灰，便可加速癒合。

草木灰妙用多，除了是最環保的清潔劑，還能調整土壤、水質的酸鹼性。

6 太陽能鍋：溫火慢燉慢食樂

太陽能，就是利用太陽光的輻射，可謂最天然、乾淨，又豐富、無需運輸的能源，對環境污染低、成本低。一般人以為，使用太陽能就是一定要裝設太陽能面板，但我認為太陽能面板前端製造過程中耗能很高，與後端提供的能源頂多功過抵消，且面板造價高昂並不親民，很多的原料對環境也並不完全友善。

其實運用太陽能不需耗費大量金錢，只要掌握光、熱轉換的特性，在家也能利用太陽能加熱、烹飪。

製作的材料很簡單，只需要準備鍋子、還有比鍋子稍大的紙箱、鋁箔紙、黑色塗料。首先，將鍋子塗黑，裝入食材，然後把鍋子放入紙箱，接著在紙箱外面鋪上一層揉過的鋁箔紙，增加太陽光折射角度；最後在紙箱上蓋上能透光的玻璃或壓克力板，讓光照持續進入箱中且鎖住熱能，這樣就可以讓太陽能轉換成能量烹調，等待六～八小時後就有美食可享用。

在野蔓園，我會使用這個方式煮綠豆湯，待農事完畢，太陽下山，就有退火消暑的綠豆湯，是農忙後的最佳獎勵。由於利用太陽能烹煮需要較多的時間，適合燉煮慢熬的料理，若要大火快炒，還是火箭爐比較適用。

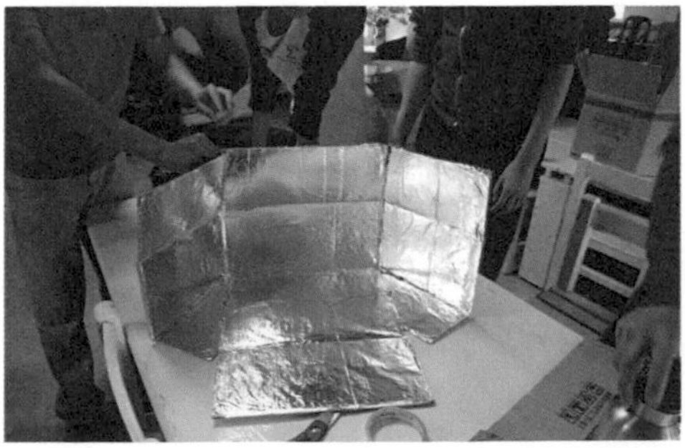

利用太陽能鍋鎖住熱能，也可加熱、烹煮食物。

7 生質柴油：消滅回鍋油的新能源

二〇一三年爆發大統油品違法添加、緊接著正義食品、頂新製油，混合劣質油品，造成多家食品大廠陷入黑心油風暴。

約在七、八年前，因油價上漲，我開始推廣生活廢油簡單加工成生質能源，當時便有回收油業者來野蔓園向我學習製作方法，我問他學習的動機，對方一句「黑心錢我不敢賺」的回答，透露出油品市場不言可喻的祕辛，也才知道地下工廠偷偷將廢棄食用油回收再製成食用油的問題。

餐廳、攤販是食用油的消費大宗，一桶新油要價八、九百元，回收油從不要錢到每桶兩百～三百元高價回收，這麼大的價差，都是不肖業者炒作讓回收油有利可圖，難怪廢油會大量流入食物鏈中。

這幾年持續推動生質柴油，一方面考量人類過於依賴石油能源，而天然資源終有竭盡的一天，呼應樸門尋找替代能源的主張；另一方面，利用廢棄的回鍋油、過期油，加工為生質柴油，可用來駕駛柴油車與耕耘機，既避免流入食品市場，也對環境友善。

製作生質柴油的原料用油最好選擇植物性廢油，如花生油、橄欖油、大豆油或過期的食用油，品質、生成率較佳；餐廳的廢棄油量大，但摻雜動物油脂的機率很高，品質就會打折。有了穩定的原料來源，再準備好果汁機、氫氧化鈉、工業酒精，就可點石成金。

一公升的回收油微微加熱到六十度後，加入四十～六十克的氫氧化鈉，與一百～兩百毫

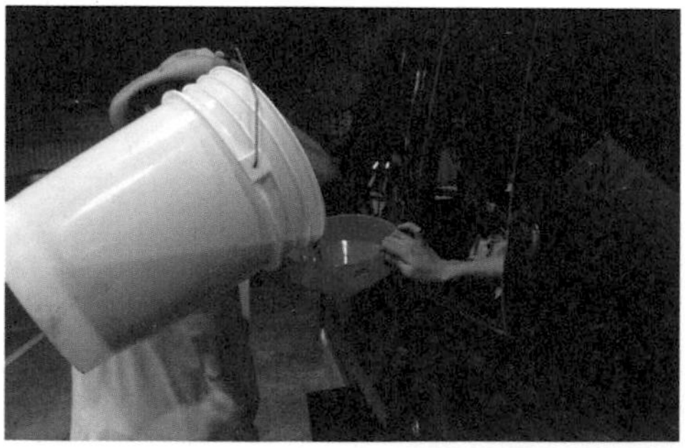

自製生質柴油可做為汽車、發電機等燃料用油，便宜又環保。

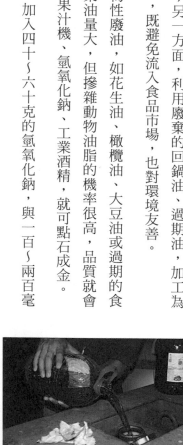

升的工業酒精，放入果汁機攪拌五分鐘，使其乳化。然後靜置數分鐘後，混合油會漸漸分層，浮在上方的就是生質柴油，沉在下方則是甘油。

當初試做的時候，找不到柴油車實驗，後來朋友介紹用在柴油發電機上，沒想到不但能發電，連柴油臭味也沒有了！為實踐永續生活，後來我自己也買了一台中古柴油貨車給農場使用，添加的油就是自製的生質柴油。

亞曼小撇步

甘油肥皂

製作生質柴油會產生甘油，也請不要浪費，可再利用製做肥皂。

準備的材料、工具除甘油外，包括精油（添加香味）、模型、藥用酒精、雙層鍋。做法很簡單：

1. 將硬化的甘油隔水加熱至融化。
2. 在肥皂模具內先噴上酒精，酒精能預防肥皂在冷卻的過程中生成氣泡。
3. 在融化的甘油中拌入少許精油，再用木勺攪拌均勻。
4. 接著將甘油混合物倒入模具中定型。
5. 在未冷卻定型前，再噴灑一次酒精，同樣是防止氣泡。等到全部冷卻，自製甘油皂便完成了。

1 回收油加熱到六十度

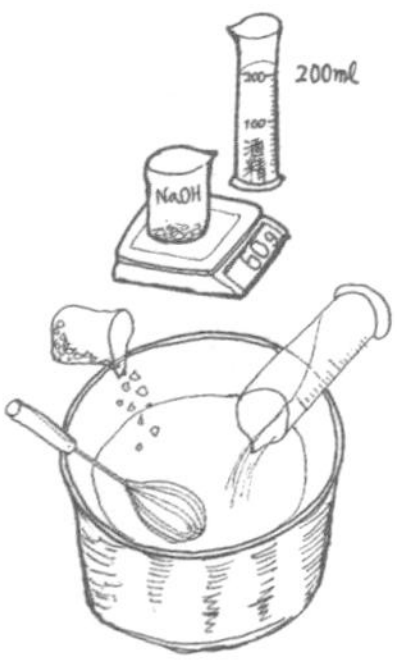

2 加入氫氧化鈉、工業酒精

3 果汁機攪拌

4 靜置

8 咖啡渣大變身：除濕除臭好幫手

近幾年，咖啡店如雨後春筍般在大街小巷中竄起，連便利商店也加入咖啡飲料的戰場，有這麼多咖啡店，必然會產生許多的殘渣，咖啡渣的妙用非常多，丟掉太可惜。有很多店家會提供給顧客免費取用，大家不妨多多善用。

將咖啡渣鋪在培養土上，可以驅除蝸牛等危害植物的蟲類；放進棉布袋中，吊掛於衣櫃、鞋櫃裡頭，可防潮與除臭，吸濕效果降低後，還可以重新曝曬即可再利用。烤肉架或烤盤刷洗後如果摸起來還感覺油膩感，可以用咖啡渣再清洗一次，去除異味。

在種植上，咖啡渣容易分解，可促進堆肥發酵。均勻攪拌咖啡渣與木屑、或枯枝落葉，蓋上帆布靜置，每天紀錄中心溫度與表面濕度，約兩周後，中心溫度升至四十～五十度以上，這時就要進行翻土，增加發酵的速度，然後再蓋上帆布靜置；這段時間還是需要每日紀錄中心溫度表面溼度，重覆上述步驟至堆肥溫度不再上升。約兩～三個月後，即可以完成咖啡渣堆肥。夏天因氣溫較高只需約半個月便能完成，發酵過後的肥料比一般廚餘還要好，但是要注意，這樣的偏酸性肥料適合喜酸性的植物，如杜鵑、小藍莓等。

除此之外，咖啡渣也能拿來種香菇。日前刮起一陣種植香菇作為療癒盆栽的熱潮，許多人會買現成的栽培包來種植；但是，坊間使用的木屑來源若沒把關，恐有生態破壞之虞。其實只要只要準備好咖啡渣，然後取得菌絲體、菇類孢子（可在網路或農會取得），即可自己種香菇。方法更是簡單，先將咖啡渣以蒸籠或電鍋蒸熟殺菌消毒，然後放入玻璃瓶，植入菌絲體，用紗布（西藥房就可買到）將瓶口封住，避免雜菌污染，再

將菌絲體放入咖啡渣中。

圖左為咖啡渣、圖右為菌絲體。

靜置在潮濕陰暗處，數周後就能收成。
生活中有許多食物，栽培的方式其實都很簡單，而且也不會佔用空間，例如菇類栽培，你可以將培養瓶放在浴室內，讓常常保持高濕度的空間自然地來培養菇類，材料來源和栽培方式的安全性自己能夠掌控，又不需要額外的人力照顧，輕鬆有趣，如果再加上一點巧思佈置一下，就能夠成為居家空間裡獨特的活風景。

菌絲逐漸擴散布滿整個玻璃瓶中。

菌絲體植入樹幹中就能種段木菇了。

ＤＩＹ純天然的美好風味

我以前就很喜歡動手ＤＩＹ做些食物加工，打造野蔓園之後，四季都有不同的蔬果可以採收，也變化出非常多元的鮮味美食。食物加工，固然是使新鮮的食物能夠以另一種不同風味的形式展現，但很重要的目的是可延長賞味期限，這是古老智慧的延伸與傳承，也是一種台灣農村文化的展現。野蔓園食材從生產、加工到包裝，完全不假他人之手，所以也常有各種ＤＩＹ課程，也讓每位參與的朋友認識食品的製造過程，對食安問題能有更深刻的體認。

9 豆科三部曲：豆漿・豆花・豆腐

豆類是極好的伴生植物，在野蔓園裡很容易找到樹豆、木決明、辣木、黃豆的蹤跡，收穫時，除了加入米飯中、入湯烹調，動動巧思與雙手，也能變化多種料理、飲料，例如豆漿、豆花、豆腐、醬油、味噌、木決明咖啡等。

豆漿是最好入門的豆製食品，原料無論選擇黃豆或黑豆皆可。首先將豆子洗淨，浸泡在水中約八小時後，用磨豆機或果汁機將豆子磨成豆汁，然後利用網袋將豆汁濾除豆渣；接著，將豆汁倒入鍋裡小火加熱，其間要不定時攪拌，熟滾後就是豆漿。喜歡喝甜的人，加點砂糖調勻，或調理成鹹豆漿亦可。

有了豆漿，就能製做豆腐、豆花。把煮好的豆漿，趁熱加入鹽滷拌勻，靜置一會兒，豆漿就會逐漸凝固，撈起凝固的豆漿放入模型中，蓋上紗布，上壓重物，擠壓出水後，豆腐便完成。鹽滷（氯化鎂）的比例常常是豆腐成敗和好吃與否的關鍵，一斤豆子需約十克鹽滷，以一百克水稀釋。豆腐模型可在網路上買到，也有人用有孔洞的容器替代，最常見的是文具收納籃，鋪上一層乾淨紗布即可。

如果想做豆花，只要把煮好的豆漿稍微冷卻至七十五～八十度，加入鹽滷、地瓜粉水調勻，再倒入豆漿中，溫柔攪拌個兩、三下，等上二十分鐘，凝固後即是好吃的豆花。

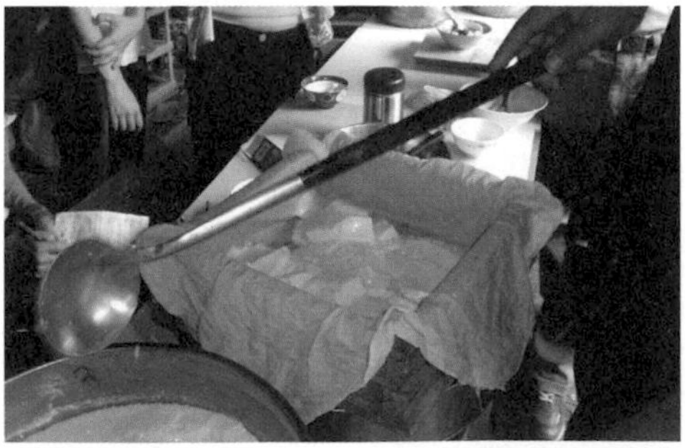

野蔓園不僅產黃豆，也開設工作坊教授自製豆花、豆腐的方法。

1

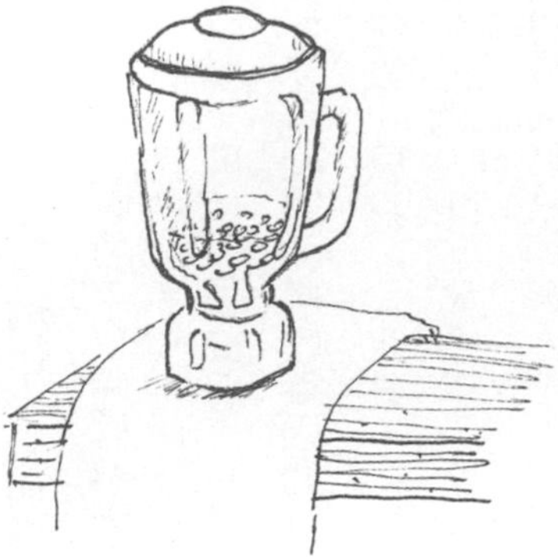

2

3

4

5

6

7

製作豆腐的七個步驟

步驟1：浸泡豆子。

步驟2：打碎。

步驟3：濾出豆渣。

步驟4：煮沸。

步驟5：加入鹽滷。

步驟6：撈起，放入模型。

步驟7：擠壓出水

豆渣的運用

製作豆漿過成中，濾下的豆渣營養豐富，含有百分之五十的膳食纖維，百分之二十五的蛋白質，百分之十的脂肪，以及其他營養素，可製作豆渣餅、豆酥等，網路上可以找到許多烹調的方法，可以做多方嘗試。早期農業社會，也有豆渣把當作飼料；此外，也可拿來洗碗，清潔力是一流的喔！

自製鹽滷

將一大包海鹽懸掛在通風處，下方用盆器接住滴下的鹽水，即可當鹽滷使用；另外也可以蛋殼加醋的方式來凝結植物蛋白質，就是天然的凝結劑：將四個蛋殼浸入一百ＣＣ白醋中約七～十天，蛋殼溶解後的醋液即可做為鹽滷替代品。

10 醬油：自己釀造傳家味

前陣子偶爾有機會走進超市，看到一個讓人啼笑皆非的現象，架上的醬油，每一罐都被搖得起泡泡。歷經多場食安風暴之後，現在大家都學會了以搖醬油、看泡泡來初步判斷醬油的製成，古法製做的醬油泡沫細緻綿密且不容易消泡，化學醬油泡沫大且消失快。

我會開始自釀醬油，起因倒不完全是食安的問題，而是當初給自己訂下自給自足的目標，要想辦法不依賴工廠製品。但是釀著釀著也有了一些心得，還意外的讓我的醬油吸引瓜子工廠的注意，想要訂購來生產有機瓜子。自釀醬油只要把握訣竅，天然的豆子風味非常誘人，家傳風味其實大家都能自己擁有，不用找廠商標榜的「大眾風味」。

用黃豆做的叫醬油，黑豆釀的則是蔭油，雖然名字跟風味略有不同，做法卻大同小異。首先你需要準備醬缸，陶缸是最好的選擇，透氣又能調節濕度，特別注意不要用塑膠桶，因為醬油製程需在烈日下曝曬，工業塑膠桶恐怕會釋放出塑化劑等有毒物質。

製作的第一步是洗好豆子，加水泡一晚，中間要換兩次水；泡完第二天煮豆子，將豆子煮熟撈起，鋪在通風的容器上曬乾後，平鋪在竹篩上，準備接菌。接菌就是讓豆子長黴菌，可以用市售的麴菌接菌。我偏好使用有特殊香味的埔姜葉，沒有埔姜葉時，用絲瓜葉、芒草亦可。

接菌的方法就是先將麴菌磨粉後均勻灑在熟豆上，用紗網蓋住以免有異物入侵；若是使用埔姜葉，則將葉子鋪在豆子上方，放在固定溫度約三十四～三十六度的通風處，同樣用紗網蓋住，約莫一星期後，豆子上長出黃綠色的麴菌，就可以準備入缸了。

以埔姜葉接菌

煮豆子

醬油做法可以選擇乾式作法，豆子入缸前可洗麴，野蔓園的醬油採濕式蔭油做法，是不洗麴的。麴跟鹽的比例為三比一，先放麴，加水攪拌，靜置一會兒讓菌活化，再加入相應數量的鹽，放在陽光下曝曬約一百二十～一百八十天。每天早、晚攪拌兩次。

攪拌久了，豆子會逐漸化做豆泥，到了開缸時，一定要過濾醬汁，否則直接烹煮後會焦鍋。過濾法可以像榨豆漿一樣，用個過濾袋吊起來滴汁，最後再用糖與甘草一起煮過，煮到表面有一層鹽膜，就算完成了。

亞曼小撇步

豆豉製作

洗好麴後的豆加糖、鹽與少許米酒裝瓶密封，約半年後就是豆豉。

入缸後加入水、鹽，放在太陽下曝曬。

豆子上長出麴菌

11 天然酵母菌：勤攪拌就能養好菌

現代人吃麵包及麵食類後容易脹氣，肇因於坊間麵包店商業酵母使用太多的緣故，而野蔓園窯烤麵包大受歡迎的原因之一，在於自己培養天然酵母菌麵包，具有特殊風味。市面上對於天然酵母麵包說得非常難懂，對樸門人來說，一法通，萬事通，麴菌可以自己培養，酵母菌當然也能。

只要養好酵母菌，烤麵包、Pizza都不是問題。空氣中原本就有許多微生物，只要用麵粉加水，每天加以攪拌，就能夠收集空氣中的微生物，變成酵母菌。但要養出好菌不容易，每天需勤攪拌，尤其不可偷懶，通常會失敗的原因，在於微氣候的改變造成微生物不適應，因此我常說，養菌要用心，一不用心，就做不出好麵包。

每個環境的微生物菌相不同，所以手作的風味各家不同，樸門重視多樣性，不只是文化的、生物的，還包括飲食風味，建立穩定的微氣候與微生物群也是很重要的觀念。

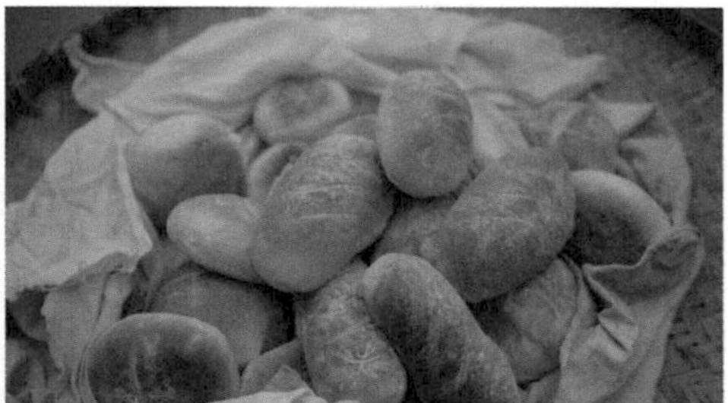

充滿在地風味的野蔓園麵包

液種酵母製作方法

第一天

100g麵粉＋70g水

每日加一些麵粉、水，一日攪拌三次（早、中、晚）。

第四天

當麵團開始出現密密麻麻的小泡泡時，表示菌種很活躍，即完成。

第六天

第七天

水果種酵母製作方法

400g蘋果切塊放入400g水中（比例1：1）

每日時常搖晃罐子，並常開關蓋子，增加內容物與空氣接觸的機會。

數日後，將內容物過濾取液體加入400g麵粉中，攪拌成稠狀。

隔日就可培養出非常活躍的酵母菌

12 烤麵包、Pizza：麵團的秘訣在三光

製作麵包一點都不難，只要在高筋麵粉裡加入糖、鹽、天然酵母種、水、油後，充分攪拌、揉勻即可。也可以減少白麵粉的量，改加入等量麩皮做成全麥麵包。揉麵團有一點費力，沒有麵包機代勞的情況下，雙手萬能，揉到三光的程度。三光就是表面光亮、要不黏手的手光、不黏盆子的盆子光，整個過程約需三十至四十分鐘。可分成小團方便揉捏，太大團很難著力，等揉好後再重新集合成一大塊就好。

這時候把麵團放進鋼盆裡，蓋上一塊布，便可以進行第一次發酵，讓它長大成原本一倍大約需四～六小時。因為野蔓園使用的是老麵，發酵所需的時間比較長，氣溫高低也會影響發酵時間及麵包風味，時間長短需依季節斟酌。

判斷發酵成不成功，可以試著用手戳看看，圓孔不回縮便是成功；馬上縮回是發酵不足，請再耐心等候一些時間。但如果馬上下塌的話，則是發酵過度，一則是趕快操作，不然是留著把它當作老麵下次使用。

將麵團從盆裡挖出後，分成適當小塊，用手掌滾成圓型，並把皺褶收入底部，進行二次發酵。二次發酵時間不等，可以輕輕按壓，如果留有指印，表示第二次發酵完成，就可以送進烤箱烘烤。

Pizza製作方法

1

揉出麵糰

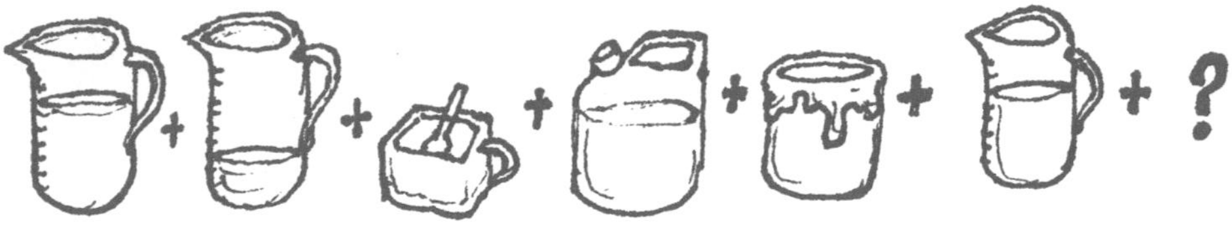

70g高筋麵粉 ＋3 0g低筋麵粉 ＋ 3g鹽 ＋ 8~10g油 ＋ 6~8g糖 ＋ 60g水 ＋ 酵母菌

2

發酵＆麵皮

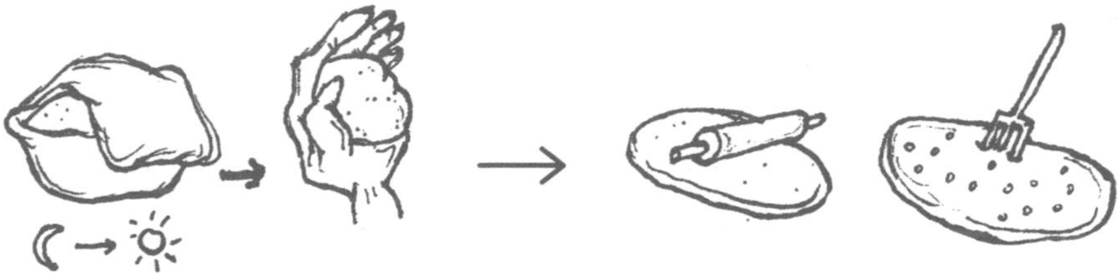

靜置一晚→捏成一塊塊約手掌大小的麵團　　桿成約0.5公分厚的麵皮→以叉子戳洞

3

配料＆醬汁

將配料切片備用

鍋子裡加入少許油、蒜、洋蔥爆香 ＋ 加入切丁蕃茄拌炒 ＋ 酌量加入蕃茄醬

4

入窯

將起鍋的配料放在桿好的麵皮上，
灑上起司，就可入窯烘烤。

13 米啤酒：在地原料的生產連結

國人愛喝啤酒是出了名的，但啤酒是以小麥、大麥為主要原料，這些原料幾乎仰賴國外進口，食物里程高，不符合樸門精神。很慶幸我在泰國上PDC課程時，一位美國同學與我分享如何製作米啤酒，我則教他做甜酒釀做為交換，米啤酒對台灣來說是個很符合在地生產和食物里程概念。

做米啤酒不能使用白米（精米），而要用糙米或稻殼。首先要催芽，發芽的米儲存大量糖分，就能轉化成酒精，發出來的芽不能讓它綠化，要像韭黃一樣覆蓋，不能見光，等芽長到兩～三公分後，先曬乾，在野蔓園會以麵包窯烘乾，此時糖分都變成澱粉保存在芽裡，便打碎成粉。

接著，在發芽米碎粉中先加水再用小火煮滾約三十分鐘，放涼備用，待涼後再加入酒麴、啤酒花，慢慢的攪拌到完全均勻，就放著讓它發酵。這期間，因為酒麴的作用，開始發酵產生酒精，大約二十天後進行過濾，再度喚醒酵母菌作用，這時會產生氣體與氣泡，再加入些許糖分或蜂蜜，活化酵母菌，然後就能裝瓶等待二次發酵。第二次發酵低溫儲藏一個月後，特殊風味的米啤酒便大功告成。

14 甜酒釀、醋：家常必備的米食調味品

醬油、醋等是家庭常見的調味料，食品加工廠因大量製造、長途運送，考量到保存問

熬煮麥芽糖，幫助發酵。

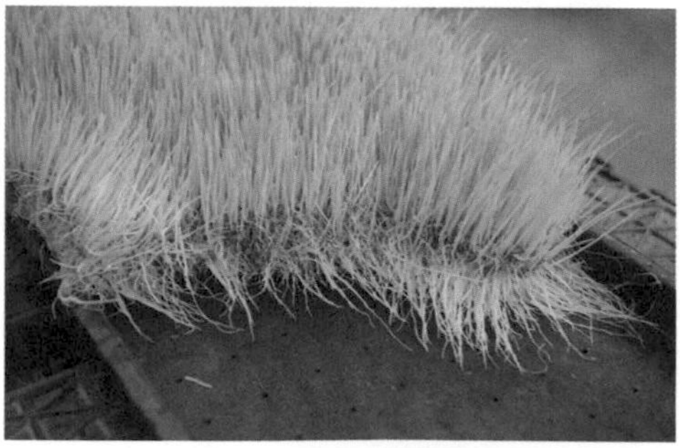

以發芽的糙米製做出的米啤酒，適合做為夏日的消暑飲品。

題，便會加入防腐劑、調味劑、安定劑等。我常跟學員說，食安問題雖是廠商缺乏道德良知所致，但是消費者亦要藉此重新思考我們對於食物的態度：畢竟想要方便又久存的便宜食物，生意人利益當前，便把品質和道德完全拋在腦後，想盡辦法拉低成本。現在有太多原本不在自然界出現的食品添加物，雖然有法規規範容許範圍，但一如西方諺語「you are what you eat」，吃怎樣的食品下肚，就會讓我們變成怎樣的身體。所以我一直鼓勵大家盡量自己動手做，希望大家能吃進天然、接近原有樣貌的好食物。「生態自救、健康自求」，大家擔憂飲食安全，那就用安全飲食解決！這也是樸門的「問題的本身就是解答」原則。

野蔓園要吃米，所以生產米，多的米分享賣給支持者，因為是原物料，也不耐久放，所以我加工成耐久放與高附加價值的產品如酒、醋、米味噌等加工食品。但是要知道，在天然製作之下，保存也有其極限，所以加工的方式就要多元發展，不能通通都拿去做醬油、釀啤酒，若吃不完，同樣也是浪費。

米的加工製品還可以做成甜酒釀和米醋，而且在家就能製作。米可依個人喜好與方便選擇糯米或糙米，野蔓園常做糙米醋。將米淘洗乾淨後，先加水浸泡一小時，蒸熟，硬度要維持稍比食用的飯硬一些。等米飯炊煮好後，拌鬆、放涼，當降溫至四十度以下，均勻撒上酒麴，翻米後，再灑一次。酒麴用量依據供應者的使用建議，自行斟酌。

緊接著進行培麴，將混合酒麴的米飯移入容器中，自然堆疊。有人會在中心留洞（做井），好觀察出酒狀況；蓋子微蓋不要鎖緊，讓米麴混合物可以呼吸，再移置陰涼處保溫三～五天就會出酒。

出了酒的米，就是甜酒釀。往甜酒釀中注入約七分滿的水，攪拌均勻使其充分接觸空氣，接下來的一個月每天要開缸攪拌一次，再以綿胚布封好，一個月後再密封蓋口，進行熟成，期間不需要攪拌。等待三個月後，開蓋過濾汁液，這便是米醋了。

米醋製作方式

1 米加水浸泡1小時。

2 蒸熟。

3 拌鬆、放涼，均勻撒上酒麴。

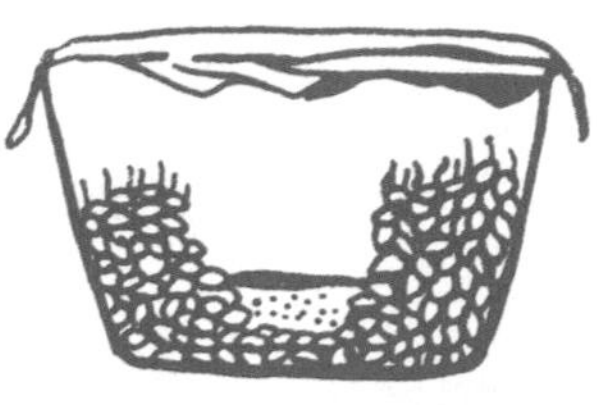

4 綿胚布包覆容器開口，5~7天後生成甜酒釀。

5 第一個月每天攪拌一次，用綿胚布包覆。

6 一個月後再密封蓋口，米醋就完成了。

亞曼小撇步

濁酒

做好甜酒釀後，還有很多反悔的空間，例如放棄做醋，反而想吃酒釀湯圓，便可以少跑一趟市場採買；或是想要喝甜米酒，只要繼續再放一個月，而且過程無需攪拌，便會獲得像是日本甘酒模樣的濁酒。

15 桑椹果醬：充分珍惜季節水果

野蔓園裡總共有十棵桑椹樹，是我十年前花三小時種的，之後也沒花什麼時間照顧，最多在第一、二年初除草、覆蓋（mulch），第三年開始大量結果，每年因為產出大量桑椹果實，為充分分享，也節省我採果的時間，我都會舉辦許多相關活動、課程，製作果醬、果醋、果酒，多餘還可以當商品販賣，可以帶來不錯的產值。

有人問，為什麼不種一百棵，不就有十倍的收入？為什麼不多買些現成果實來做果醬賣？十棵是我一個人能力所及可照顧的，若種一百棵，變成商業種植，不只失去品味生活的樂趣，還要擔心生產的壓力，也成為工作——「生活是長久的，工作是一時的」。況且，當產季來臨，必須在一個月內採收清洗、生產加工，我自己忙不來，必須外聘大量人力採收，如此反而入不敷出。如果多樣化種植，成熟時期錯開，就可隨時有新鮮食物，又不會手忙腳亂。就是這種小而分散的系統設計，才是樸門精神，若仍用慣行思維，大量商業種植就會衍伸許多問題。

因此種植、採收、加工桑椹是生活、是慢食，而生產、賣桑椹是工作。這整個過程有促進當地經濟循環的意義，各種活動則有教育傳達的功能，這和向農夫買現成果實來做果醬，還是有一些意義上的落差。

做果醬並不是太難的事，但是在野蔓園做果醬可不是一件簡單的事，這就是慢食。想做果醬，得先去樹叢採摘成熟果子，以十棵桑椹樹的量，每一次做果醬，都得累積近一週的量才開始動工。

清洗好的桑椹放入鍋內煮透。

加入砂糖或麥芽糖後，待水分蒸發，產生黏稠感即可。

不論是哪一種水果，製做果醬的工序大同小異。以野蔓園的桑椹果醬為例，先將果實洗淨，因為桑椹果實不大，省去了切小的步驟，如果用的是更大的果實，例如草莓就得切小處理。接著加入檸檬汁、砂糖（或麥芽糖）一起拌勻，酸度、甜度隨個人喜好斟酌使用，放置半小時後，用大爐灶以中、小火熬煮至出水；接著以中火繼續熬煮，過程中需不時攪拌、按壓，以免燒焦或沾黏，直到鍋中水分蒸發，產生黏稠感即可。

最後要裝入玻璃瓶中保存。裝瓶前，要先以滾燙的熱水燙過玻璃瓶和瓶蓋，消毒殺菌完再盛裝入瓶，裝瓶封蓋後放在冰水或冷水中，讓果醬急速降溫，瓶中就會呈現真空狀態，再放入冰箱冷藏即可。

16 脆梅：連醃漬水也是解渴飲料

約五年前，我為了增加野蔓園的「可食風景」，種了十棵梅樹的實生苗，一般實生苗開花結果較慢，需時七～八年，也因為時間很長，所以一般人會希望快速收成改選擇扦插苗。實生苗長得雖慢但是比較健康，抗病性佳，生產壽命也比較長。前兩年花開的很漂亮，就是不結果，等到今年第五年，總算結了一些，終於可以做一些加工食品了。

熟透的梅子呈現落日餘暉的黃橙色，大概清明節前後便能採收熟梅，熟梅能做果醬收藏，也能做Q梅。但是未成熟的青梅，在野蔓園也有活路可行，三斤半的青梅子，先用一斤粗鹽給予充分的混合殺青，接著拿重物稍微敲裂梅子，盡量不要敲破，再搓揉一次。

搓揉好的梅子放置一會兒，等待出澀水。倒掉澀水，加入能淹過梅子的糖水，甜度依個人喜好而定，放置一晚，先倒掉這批糖水，如此再重覆一次糖水步驟，醃三～五天，脆梅便完成了。倒掉的澀水和糖水可以收集起來，稀釋調味，都可當飲料喝，非常清爽解渴。

17 菜脯：越陳越香的古早味

很多台灣料理都看得到蘿蔔乾（菜脯）的蹤跡，有時在飯團裡、有時在春捲中、有時在麵攤桌上就擺著這麼一罐辣蘿蔔，更不用提道地台菜首選——菜脯蛋，或是年份有如威士忌的客家老菜脯，越陳越香。

市場上真正陳放二、三十年的老菜脯已越來越少，且市售真的二十年以上的老菜脯，每斤要價三千元以上，還不一定找得到，不肖商人索性染色做假，失去的不只是風味，也是一段文化記憶。

基於健康、食安考量，避免將添加了防腐劑保質、食用苯甲酸或是工業用甲醛的蘿蔔乾吞下肚，那就自己動手做蘿蔔乾吧！

材料非常簡單，只需要白蘿蔔、鹽巴，還有重物或石頭壓榨苦水用。首先白蘿蔔連皮洗刷乾淨，切下蒂頭，細切成條狀，均勻灑上鹽巴（每一千克蘿蔔，鹽量約二十五克），然後用手搓揉均勻，完成後，放置二～三小時，待蘿蔔自然出水，倒掉生水後，在上方以重物壓住一夜去除苦水。

隔天，倒掉苦水，便可將脫水的白蘿蔔攤放在竹篩上，置於日照、通風良好的地方乾燥，每隔一段時間不要忘了幫蘿蔔翻面，到了晚上抹點鹽，再用重物壓一晚，如此循環，約莫七～十天，就能感覺蘿蔔逐漸縮水，變成熟悉的咖啡色，這就算完成。收藏時放入冰箱保存，烹煮之前，稍微沖洗去除灰塵即可。

蘿蔔乾乾燥、脫水後，就會逐漸呈現咖啡色的樣貌。

雪裡紅製作方法

1 將蘿蔔葉切成約1公分大小。

2 加入鹽巴（適量）拌勻。

3 蓋上鍋蓋，靜置一夜，並將鍋中水分瀝乾即可。

亞曼小撇步

蘿蔔三吃

我常常跟換工的年輕人說，在你們還沒學會耕種作物之前，任何一分食材都應該珍惜，包括蟲吃過的「剩菜」。野蔓園裡頭種了不少蘿蔔，為免當季蔬果大豐收，整個月都吃類似的菜，所以嘗試著做些變化，而有蘿蔔三吃的特殊料理。

一般家庭燉煮蘿蔔時，去葉、去皮，留下果肉而已有些浪費，其實蘿蔔葉和皮，也可稍微加工，蘿蔔葉製成雪裡紅，蘿蔔皮拿來醃漬，就是一道道可口的涼拌菜

做雪裡紅步驟非常簡單，最難的反而是將葉子洗淨，洗淨後切碎加鹽醃漬，過兩天出水後，只要把澀水擠掉就是雪裡紅了。從葉、皮、到肉，一根蘿蔔全部吃光光，就是珍惜食物的最佳示範。

蘿蔔葉加鹽醃漬，去除澀水就是一道開胃小菜。

4

chapter 4

不插電的生鮮市場 Zone1

在樸門的設計中，一區是最接近主屋的生活區，用來支援生活起居、方便每日工作。種植的作物是以需要經常使用、隨時可採集的蔬菜、香草為主。居住在都市水泥叢林的人，陽台就能當作一區應用。

都市小空間的食物森林

若說〇區是生活起居的所在，一區就是〇區的延伸。怎麼說呢？在野蔓園，一區有著工作間、蚯蚓養殖場、菜園、堆肥廁所、香蕉圈浴室，還有儲放回收貯存的水等等。生活中有許多事物，雖然不屬於生活起居，但卻需要天天去照料看顧、工作幹活，而那些雖然不是每天都會用到，卻能讓你日常生活更順暢、更有效率的支持元素，也屬此類。

都市中雖然受限於環境，但還是可以秉持著樸門的原則，經由觀察、設計來實踐一區。舉例來說，陽台就能是很好的菜圃空間，只要做好我們在第二章所說的觀察和設計，思考種植規劃，運用螺旋、流線等自然模式的樸門設計，例如鑰匙孔花園、蔓陀蘿花園、垂直多層次種植等方式，可以讓你能夠很方便的就照顧到菜園的全部；如果沒有適當的陽台，甚至可以利用窗戶，用垂掛的方式進行垂直種植；小小面積便可以種出高、中、

參考大自然流線設計，減少照顧者來往走動。

低多層次的植栽，變成一個迷你的食物花園。不只如此，生活起居從清潔、盥洗都產出相當多的生活廢水，在一區能就近收集、回收淨化，再做有效的利用。

我的生活中常有這樣的場景：用餐時間快到了，走出工作間外的菜圃現採幾顆蕃茄，拔兩根蔥來調味；想變換口味，也可以改摘一些九層塔。許多人喜歡種花蒔草，我建議把植栽改為可以食用又美觀的植物如赤道櫻草、假人蔘、金蓮花，在同樣擁有綠意花香，且維持園藝的樂趣外，還坐擁一個不必插電的小生鮮市場；而且，不用擔心沒吃完會壞掉，因為還可以成為植栽的循環肥料。

18 陽台菜園：依日照挑選植物

陽台種植除了考慮日照、用水等能源問題之外，要先決定要用什麼方式栽種。因為陽台空間不大，生活周遭的廢棄物都可作為種植容器，如保麗龍箱、吊掛寶特瓶（窗台）、布袋、輪胎、竹筒等，雖然看似都是花盆的功能，其實種植方式各有不同。決定之後就要挑選適合的植物；所謂適合，就是依照你所觀察到的環境條件，以日照條件來說，有的植物需要全日照，有的可以半日照，或也有耐蔭植物，缺乏陽光也能長得好好的。總之，在前面觀察階段把環境因素分析得越透徹，越容易設計植栽品種。

現在都市大樓蓋得很密集，想要擁有條件最好的全日照陽台有時真要靠運氣。一天必須

利用高架空間可以規劃垂直種植。

擁有六～八小時日照才叫全日照，多數植物在這樣的環境都能長得好；然而普遍的情況，卻是每天大約只有四～六小時日照的「半日照」環境，這時可挑選山蘇、川七、咖啡、蕨類如「過貓」等。如果日照不足，則可以嘗試萵苣、馬齒莧、芹菜、明日葉、芋頭等耐蔭植物。想在日照充足的陽台種植耐蔭植物，可以放置個石頭、隆起的土堆，或者利用其他比較高的植物，在小空間創造出向陽面和背光面，讓不同屬性的植物都能找到舒適的位置，這屬於創造微氣候，可以參考第六章的說明。

創造生態多樣性是樸門的原則，即使在陽台還是可以做到，例如盆種方式種植檸檬樹、金桔樹，可以搭配烹調常用的香草類植物、萵苣類蔬菜，減少盆土裸露，而香草類植物還可以避免蟲咬。如此一來不但能讓陽台成為一個小系統，也能讓家庭菜單更豐盛，可以隨手泡杯香草茶，或者做成沙拉。

要注意的是，即使是陽台菜園，規模雖小還是有時令的區別，並不是所有植物都能全年生長。如果冬天硬要種植夏天的蔬果，不是長得不漂亮，就是被菜蟲給吃了，所以還是得遵行大自然的道理，可參考農民曆依節氣時令適地適種；衣服換季，作物也要換季，才不會忙了半天一無所獲。

盆栽也能多樣性種植，讓家庭菜單更佳豐富。

亞曼小撇步

香草植物

陽台種植如果想盡量減少照顧次數，可以選擇像是石蓮花這類的耐旱多肉植物，或者耐蔭植物。而一般需要注意的，首要避免太極端的乾旱與潮濕，例如夏日酷暑又忘了澆水，或者連日大雨，植物長時間持續浸泡等情況，若盆栽下方還放有底盆接水，這時候最好要先移除。

其次，要留意日照時數，看是全日照或半日照，尤其季節不同，日照時間和角度，以及風向也會不同，要注意西曬，或者冬天的東北季風。

我建議可以多多挑選香草植物，實用與食用兼得且不難照顧。

適合在陽台栽種的全日照香草植物有：

1 薰衣草：可驅除昆蟲、提煉精油、減輕和治療昆蟲咬傷，藥草效用顯著。

2 迷迭香：新鮮或乾燥的葉子皆可做香料用。

3 羅勒（九層塔）：可用於烹飪調味或中藥材。

4 蒔蘿：多用於魚類烹調去除腥味。

5 蝦夷蔥：常用於拌麵、煮湯、炒菜或火鍋蘸料。

6 薄荷：因為獨特的氣味，被廣泛運用在藥品、食品、飲料、烹飪中。

半日照也有許多香草植物可以選擇，例如可入菜、飲料、藥材的薄荷、紫蘇；可藥用、清炒的皇宮菜、紅鳳菜、白鳳菜等，其他像是草莓、百里香、咖啡也都很適合在陽台栽種喔！除此之外，也可以選擇其他低照顧度的景觀可食植物，如假人蔘（巴蔘）、赤道櫻草（活力菜）、角菜、金蓮花、萬壽菊、薑黃、南薑、樹薯等。

多肉植物

薰衣草

鼠尾草

薄荷

19 保麗龍箱、輪胎：廢物利用的便利種植盆

「老師，保麗龍箱到底能不能用來種植？」保麗龍（聚苯乙烯）是不環保的材質，但是保麗龍箱容積大、重量輕，而且取得容易，是很方便的栽種容器，只要在底部敲出幾個排水孔，就能使用。但要特別注意的是，保麗龍遇到酸、鹼或者熱，會釋出苯乙烯（一般PE材質遇到九十度高溫才會熔解），而長時間曬太陽久了會脆化，變成碎屑很難整理。我會建議，若要使用保麗龍，箱內先墊木板或牛皮紙等天然媒材隔離土壤與化學物質；箱外可塗上天然塗料，美化、保護並減少風化（詳見第三章自然建築）。

另外也常見生活廢物利用，拿舊輪胎做為栽種盆，把輪胎一層層疊高，運用非常靈活，可以用來設計成垂直性種植（詳見第四章麻布袋種植）。因為輪胎堅固耐用、結實不透水，把輪胎平放，底部加個防水布，就能做為生態池。輪胎層層堆疊的特性最適合種植根莖類如馬鈴薯，在採收的時候，不需掘土，直接將輪胎上層移開即可。

但使用輪胎也有類似保麗龍箱的疑慮，輪胎的材質究竟是天然橡膠，還是合成橡膠成份？一般人分辨不出來，再加上為了讓輪胎擁有各種特殊性能，還會添加化學纖維，有可能遇高熱後會釋放出有毒物質，被土壤或人體吸收，若能小心處理，不處於高溫還是不錯選項。

使用保麗龍或廢輪胎，在樸門觀點來說是考量「廢棄物利用」，並不是最理想的植栽用品材料，但比起花錢買塑膠盆器來得好。理想的方式是使用友善環境的材料，或者可觀察看看在生活中能不能就近找到更好的替代品，如木材、未經過化學處理的安全棧板、

生活中的廢棄物品，只要花點巧思也可是獨一無二的植栽容器。

保麗龍箱、廢輪胎實現廢棄物再利用，但最好用天然媒材隔離。

石塊、陶器等最佳。

20 麻布袋種植：在都市種深根植物的好選擇

相較於保麗龍和廢輪胎，麻布袋當容器是不錯的選擇，但是現在天然麻布少見（可向咖啡店索取），大多是尼龍編織而成，用久會因陽光曝曬而脆化崩解。現在還有一種以不織布編織成的美植袋，非常耐用，但是材質對環境不友善，且要花錢購入才能取得，較不符合樸門精神。

麻布袋的好處是深度夠，可以種植根系深的作物，例如白蘿蔔、馬鈴薯、芋頭，甚至是山藥，而且能隨意移動。同時，植栽的選擇就可以高低變化作垂直利用，例如在立面種植草莓、香草、萵苣等，或者搭配厚土種植（詳見第五章），有層次的埋入廚餘或者是糞便，隨著土壤開始增厚，只要把布袋拉高即可，運用非常靈活彈性。無論在屋頂、路邊等都市環境中，都能運用。

該要注意的，反而是土壤的調配，千萬別一下子把所有的土都倒進袋中，這樣會造成中間的土壤層無法呼吸，水份也不易流通。理想的方式是空袋子裡先放入一個口徑約十～十五公分、長約二十公分的水管，水管內放入一些枯枝落葉、樹枝，然後在水管外盛裝入土，裝好後再把水管抽掉，一層厚度二十公分左右重覆堆疊，層層堆到布袋約八分滿。最後在布袋上方放上一個沒有底部、直徑和水管相當的盆栽，如此在澆水時，水份就能夠直接進入布袋的中心，擴散到土壤中。

麻布袋種植

以不織布編織成的美植袋非常耐用，只要在側面挖出一些孔，可以高低變化作垂直利用。

使用麻布袋唯一的缺點是容易分解，約三～五個月就會分解掉，因此要留意種植時間，若要增加使用時間，可在布袋外以竹籃框包覆，就能延長使用期三個月。

21 窗口立體種植：省空間的垂直栽種

近年來，時常可見到許多大樓的外牆、工地圍欄建立整個立面的植栽，這是運用「垂直栽種」的概念所衍生的「植生牆」。這些植生牆剛施作時很漂亮，可是因為置放在高處，維護並不容易，若缺乏導流澆灌系統，常可看見這些牆面過了一段時間就出現「空洞」——中間有些植物枯萎了。再者，這類施工往往使用大量塑膠盆、不織布，材質較不友善。

其實，垂直栽種的概念若在設計時先想好陽光、水等元素，就能在陽台、窗戶邊，打造一面「窗口菜園」，美觀又好吃。

方法很簡單，收集一些廢棄物如啤酒罐、寶特瓶、牛奶瓶等瓶瓶罐罐，以及ＰＶＣ水管、竹子、棧板等；截下這些瓶罐的底部，反轉替代塑膠盆，而瓶口朝下做為排水口，用水管導流讓澆灌能從最高層貫穿到最下層的植栽，找一個能夠有陽光曬到的地方，然後固定在牆上即可。要提醒的是，注意不要使用化學蒸薰過的棧板。

垂直性的栽種不但在最小空間創造出栽種面積，而且打造充滿綠意的牆面十分賞心悅目。如果在盆栽之間的水流引導得好，就會非常的省水，不會讓過多的水份都流失掉

街頭常見的植生牆也是一種垂直利用，但維護不易。

運用天棚、支架等立體空間，就是一面綠意空間。

了。但這種種植方式受限於只能種植多肉植物、香草植物，或者蔬菜類的矮小植株，等植物長大了還是得幫它找個盆子換個新家！

22 鑰匙孔花園：大自然沒有直線

為什麼蜘蛛網會是放射型的網狀？為什麼蜂巢是六角形？樹葉的葉脈怎麼是分枝的形狀？生物演化找到最有利於生存、工作最有效率的模式，樸門的智慧從自然觀察得來，也把自然界裡的模式（pattern）在在設計中發揮到淋漓盡致。

為什麼樸門人的菜圃都不方正？這不是刻意搞怪，樸門設計有一種「鑰匙孔花園」（Keyhole Garden）的模式，以照顧者為中心點，在圓形花園挖出一個進出的走道，變成像鑰匙孔的形狀，而花園的直徑則是配合手臂的長度，這樣一來，伸出手、轉個身就能照顧到所有的植物，既不浪費空間，也不需來回走動耗費體力，非常經濟有效率。

C型鑰匙孔可以數個串連，設計放在通道旁，形成通路並就近照管，直線在大自然中容易形成衝突、受力、斷根，因此運用自然模式設計出適合地形、風向、日照的鑰匙孔花園也就成為樸門代表性案例。

鑰匙孔花園是以照顧者為中心點，不浪費空間，又能節省體力的空間設計。

C型鑰匙孔可讓照顧者較為省力。

亞曼小撇步

留住土壤

設計花園時，要特別注意別讓土壤流失，可就地取材利用一些廢棄的磚塊、石頭、木板等材料圈住外圍，像是野蔓園就曾利用回收酒瓶、斷裂的滑板，既達到目的，又兼具美觀。

23 蔓陀蘿花園：善用曲線

如果土地的範圍略大一點，就能夠把好幾個鑰匙孔花園組合起來，變化成為「蔓陀蘿花園」（Mandala Garden），這是利用蜿蜒曲線來設計更大型菜園，可提高土地利用率、創造邊界效益。

蔓陀蘿花園因為面積較大，通常會以比較高大的樹為中心，搭配從高到低多層次的植物，向外延伸種植；農場本身也可以利用這個概念來規劃、配置，空間再大，都能組合蔓陀蘿花園的多層次種植模式，不斷的發展擴大。

設計花園只要記得一件事情：「使用曲線而不是直線！」曲線能夠增加許多空間，減少直角和死角，可以種植更多的作物，而走道與花園的接觸邊緣越多，也就越容易提供生物種類的多樣性，就越方便照顧和採集。

亞曼小撇步

創造邊界效益

在地景生態學中，邊界兩個或多個生態系之間的過渡區域，由於同時具有兩種生態系的特色，會產生邊界效益，使物種的數目及某些族群的密度增加，例如陸地和海洋之間的潮間帶、河海與陸地交會的濕地、森林和平原的交界處，往往是物種最豐富、最生機蓬勃的地帶，還有花盆跟土地的接壤常可見蚯蚓等等。這也是為什麼大自然之中沒有直線，因為曲線比直線能產生更多的邊界效應，例如在自然狀態下，彎曲的河流流過更多地方，就能製造更多接觸面、創造適合動植物生活的環境。邊界效益是可以創造的，例如生態池挖成不規則形，可以讓池岸接觸面增加，而螺旋花園（詳見本章下文）創造微氣候，也是一種邊界效益。

多個鑰匙孔花園組合起來可變化成為蔓陀蘿花園。

24 螺旋花園：小空間創造多種植栽環境

不論是在陽台、屋頂或庭院，還是一般農場，由於地形變化不大，且氣候環境只有日照、陰暗潮濕兩種，為了創造更豐富的微氣候與營造生物的多樣性，樸門人的土地裡幾乎都會以「螺旋花園」（Spiral Garden）來創造邊界效益。

螺旋花園是一個錐形的土堆，利用石頭在地面砌出像鸚鵡螺般的螺旋，在其中填入泥土。設計成螺旋狀，是利用水往低處流的原理，讓不同植物各自找到適合自己的位置，需要耐旱植物種在高處，耐蔭植物種在最低處，加上高度落差的關係，能營造出微氣候差距，會有向陽面、背陽面，長長的坡道也讓雨水的路徑拉長，水分在土中停留的時間變長。從高到低隨著螺旋分別種植不同植物，這是在小空間內創造出不同氣候環境最有效率的栽種設計。野蔓園一區的螺旋花園，小小空間就可以產出多樣蔬果。

有些人會在最低處搭配規劃小池塘造景、廢輪胎蓄水，增添趣味和生態多樣性。而螺旋邊界的石頭除了區隔用，還能積蓄熱能。白天被太陽照射的石頭吸飽熱量能，晚上會慢慢適放出來，改變土壤裡的微氣候，就算石頭分解，也會釋放礦物質與微量元素，對於土壤是不可或缺的要素。

施作螺旋花園除了使用石頭、磚頭之外，也能夠使用木板來處理隔間的問題。螺旋花園的範圍可不能太大，直徑盡量別超過一．五公尺，否則會增加照顧的困難度。興建之前會通常會預先在中心埋一根水管，蓋好後只要打開開關，就能夠讓水自然的從上方溢流到下方，甚至可以結合自然動力給水（詳見第四章免電力揚水系統），達成懶人農法的

錐形的土堆，設計成螺旋狀，適合多樣性種植，小小空間就可以產出多樣蔬果。

目標。

在都市陽台裡，不妨規劃一個小型的香草螺旋花園吧！最高處可以種植迷迭香、薰衣草等不需要保持濕潤的植物，中間層可以種香蜂草，最低處則可選擇薄荷，在同一個場域裡為需求不同的植物創造出舒適的生長空間，也是樸門溫柔種植的一面。

亞曼小撇步

保持物種平衡

螺旋花園雖然容易入門，但需要隨時留意物種的平衡，要時時注意強勢植物是否有生長過於迅速或強大，壓迫到其他植物的情況，隨時加以調整，才能常保多樣性。例如香茅、金盞花等因為對環境的承受度高，濕度、溫度、水分變化都可以承受，也就成為優勢植物，在螺旋花園中若有此類強勢物種，就要勤於維護，否則常會把其他植物給替代掉。

南澳自然田從螺旋花園的概念創造火山菜畦。

多管齊下，善用水資源

台灣的年雨量平均兩千毫米，在山區可以多達三千毫米，即使在降雨最少的高屏地區也有一千七百多毫米左右。這樣的降雨量比起世界各地的平均降雨都不算少，但台灣近年來時常面臨缺水危機；有一大原因是高山很多，地勢高低落差大，落下的雨水平均四・七小時就流入海中，留不住水，同時也有季節性降雨分佈不均的問題。以前基隆叫作雨港，終年煙雨濛濛，但這幾年我發現降雨天數最多的地方卻是宜蘭三星，隨著氣候變遷，水資源分布也產生變化。

在樸門發源地澳洲，降雨地區的分配落差更大，東南澳一年四季有雨、西澳地中海型氣候冬日有雨，而美洲、歐洲等許多國家，只要離開大城市十幾、二十分鐘的車程，就沒有自來水的供應，完全得靠雨水來自給自足，因此樸門特別重視水的保存，發展出不少集水妙方，如果沒有辦法直接收集到水，也會盡量讓植物、土壤用設計來保存水份。

25 香蕉圈浴室：身體污垢可做植物肥料

香蕉圈浴室聽起來好像有點不可思議，顧名思義是在香蕉圈（詳見第五章）上蓋浴室，藉由香蕉根系可以淨化水質的特性，將生活廢水導入香蕉圈中。

只要在香蕉圈的淺坑上方搭上棚架，讓淋浴後的廢水流入圈子裡，直接澆灌香蕉樹；從人身上沖洗出來的污垢含有有機質，可提供做為植物肥料。同樣的方式亦可設計木瓜圈浴室或是棕櫚樹浴室，只是這兩者不適合與香蕉混種，會受香蕉生長影響。

不過，在香蕉圈浴室洗澡可要禁止使用有化學成份的洗潔精，以免化學物質在生物淨化水質過程進入生態圈。尤其有害物質被植物吸收後，環境賀爾蒙就會在食物鏈當中循環，最後還是會回到人類身上，長期累積會影響內分泌、生殖、神經系統。

我會建議選擇無患子、柑橘皮、檸檬皮、茶酚等以天然成分為主、微生物可以分解的清潔用品，坊間有些產品，都有在瓶子上標註「Grey Water Safe（灰水無負擔）」。需注意，用來處理廚餘堆肥的香蕉圈就不要用來過濾灰水，以免水質優養化。

香蕉圈浴室是中水回收再利用的方式之一，只要在香蕉圈的淺坑上方搭上棚架，讓淋浴後的廢水流入圈子裡，可直接澆灌香蕉樹，並淨化水質。

亞曼小撇步

「洗髮精再見」新生活運動（shampoo-free）

「shampoo-free」這個活動先在國外發起，傳進國內後逐漸有人認同理念而實行，網路上可以找到不少人的分享和見證。

「shampoo-free」字面意思就是不使用洗髮精之意，但不用洗髮精怎麼洗頭髮呢？可以嘗試只用溫水按摩頭皮、清洗頭髮即可。這樣洗頭初期，頭皮會大量出油，持續數周到數個月，不過這是正常現象，許多人熬不過這個陣痛期而放棄，非常可惜。若不習慣只使用溫水，也可以每隔一段時間使用食用的小蘇打粉清洗一次。

我身邊有許多徹底實行的朋友，大家共同的心得是頭髮掉落的速度變慢了，看起來豐盈許多，而且頭皮也不會油了。其實不管是身體、頭皮，都有一個自我保護的機制，過度清洗只會讓皮膚越來越糟糕。

我自己本身也已經有許多年，洗澡不用任何清潔用品，大多使用毛巾擦澡的方式，也不使用牙膏，而只用清水來刷牙，多年來都沒有任何問題，身體也不會有什麼奇怪的味道。

生活中也有許多清潔盥洗的古早配方，例如洗米水放隔夜洗頭髮可保烏黑。這是一次市集中，一位七十歲頭髮仍烏黑亮麗的老婦與我分享的祕方。

樸門小辭典

黑水、中水

黑水（blackwater）：指的是含有糞便的生活污水。黑水之外也有灰水和白水，白水指的是自來水，而灰水則是淋浴過、或者洗滌過的水。

中水（Reclaimed water）：中水就是可以再度使用的水，這個名稱是有別於進入下水道的污水（下水），以及可飲食的乾淨水（上水），包含農園灌溉、環境清潔、一般洗滌都可以使用中水。主要來源為生活清潔廢水，包括洗手水、洗碗水、洗澡水、洗衣水等。

26 生活污水回收再利用：清潔用水二次使用

不論社區或家庭裡，都會產生許多生活廢水（稱為中水），中水的再利用，對於淡水資源逐漸匱乏的今日，逐漸受到世界各國的重視。

每個家庭裡的廚房、廁所、陽台等每天都會產生許多中水，這些中水收集起來，可以用來灌溉植物、沖馬桶、洗車等。再生使用的方法都很簡單，只要在洗手槽、洗衣機的水管動動手腳，轉接到回收桶，同樣的，除濕機的水、冷氣機排放的水，一併收集起來都可再利用。只是用來澆灌用的中水，最好不要摻入清潔劑，以免植物難以分解，或者讓環境賀爾蒙殘留在環境中。

廚房、廁所、洗衣機排放的廢水，只要不含化學洗潔精，都可收集起來做為澆灌用水。

27 免電力揚水系統：不怕停電的抽水機

免電力揚水系統，是利用虹吸原理，即使停電，也能將水從低處送往高處，儼然就是不怕停電的抽水機，免油、免電，既節能又環保。

要如何讓水對抗重力、逆天而行？方法很簡單，在進、出水口位置製造高、低落差，並於水口兩端接上倒U形水管，然後在進水處裝上逆止閥，可防止水倒流；再加上一組補水開關，能適時加水排出管內空氣，也能避免因壓力妨礙打水。

送水的動力，就靠管線中間裝設一個加壓踏管，以人力踩踏幫浦打水。這套系統設計可用來將水引到屋頂，調節室內因夏日炎熱高溫帶來的酷熱，以便減少冷氣的使用；也可用在浴室，將洗手台排出的灰水送往馬桶的水箱，做為沖洗馬桶的用水，在缺水的季節裡，可有效達到省水的功用。

在台中新社的白冷圳就是一個運用虹吸原理的大型水利工程，由於新社位處高地，雖然氣候條件適合育苗，卻有缺乏水源的問題，一九二八年日本工程師磯田千雄設計，從十幾公里遠的白冷高地引水灌溉，整個引水工程共設有三個倒虹吸管，其中落差最大的抽藤坑二號倒虹吸管高度差達九十多公尺。

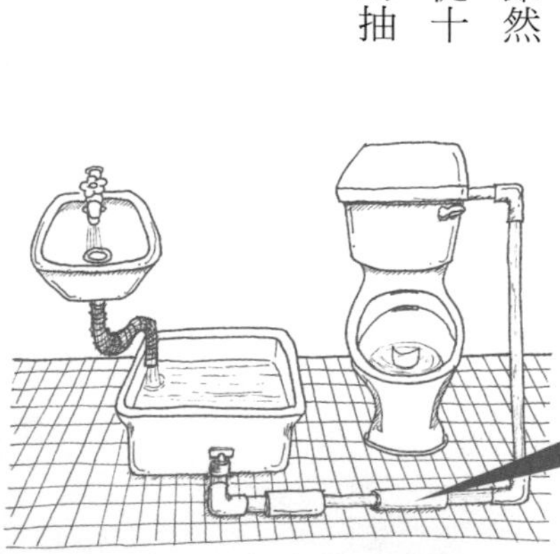

收集洗手台廢水，藉由流體力學原理，以人力踩踏的加壓幫浦引水到馬桶水箱，就可用來沖洗馬桶。

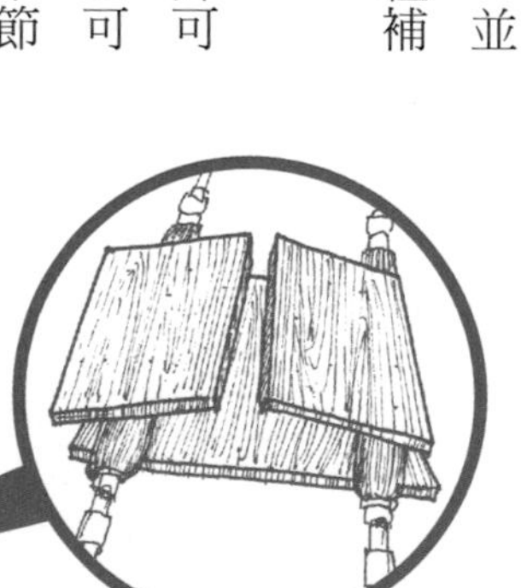

加壓踏管

28 家庭雨水回收、過濾裝置：簡單處理就能使用的軟水

「雨水可以利用嗎？」這是許多人的疑慮，尤其工業化後，空氣中的懸浮粒子濃度越來越高，ＰＭ二・五的問題更引發關注，這些污染物、酸性物質隨著雨水落下，水質會不會危害人體健康？其實讓雨下個五分鐘後，污染物質就會被沖刷掉，再收集的雨水，經過處理就能使用。

雨水收集起來，除了省荷包外，最大的優點是不含氯，且屬於軟水。軟水是洗滌的最理想媒介，可使肥皂水起較多泡沫，降低洗潔劑的使用量，也沒有水垢和微生物，能延長設備使用壽命，只要再過濾，也能用來洗衣或洗碗。如果擔心儲水槽孳生蚊子，只要在儲水口蓋上紗網，或在水面上滴上一小匙食用植物油，就可以隔絕水與蚊子。

陽台、屋頂是最適合做雨水回收的地方，沿著屋簷下裝設集雨排水管，用斜角板或天溝增加接觸降雨面積，將水沿著斜角引到儲水桶裡。常見使用塑膠水管來製作，因為這項設施很簡易，也可以自己動手做。用廢棄的寶特瓶、鋁罐等，裁切成半圓形，切除兩側底部，前後接合起來，沿著窗簷或屋簷吊掛，就是廢物再利用又兼具獨特性的集水管，最後再加裝個引水裝置，將雨水引到收集桶內。

收集後的雨水，一般做為沖馬桶、洗車、灌溉用，如果要飲用、洗滌，還是需要過濾處理。過濾裝置也能ＤＩＹ，可利用現成的抽屜櫃加工製作，第一層放小石頭、第二層是麥飯石、第三層裝砂、第四層為活性碳；如果沒有活性碳，燒過的木炭也可以，然後在每一層的底盤上打洞讓水通過，如果要預防石子會隨水流下，可鋪上一層棉布過濾。最

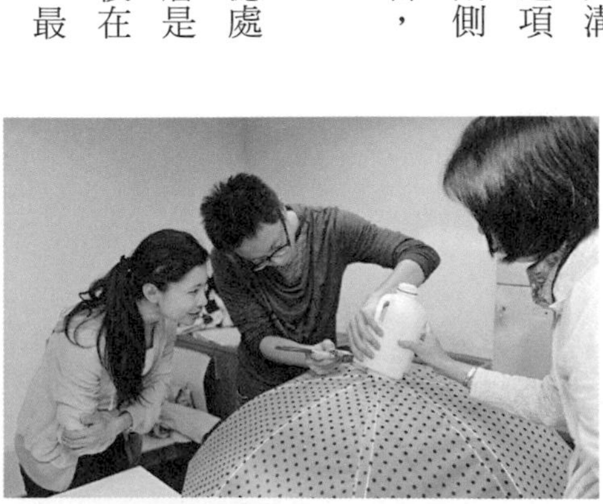

在雨傘的頂端剪開一個洞口，接上寶特瓶，也可用來當做收集雨水的器具。

後，在最下層的側面開一出口，裝上水龍頭取水，過濾水煮沸後便能飲用。

樸門小辭典

魚菜共生

魚菜共生（Aquaponics）的概念，是藉由魚身上排出的各種有機物質，做為植物生長時所需的養分，這些有機物質含氮比率高，是很好的肥料來源。

設計時，水缸的位置可以設計在雨水過濾裝置的下方處，管線把雨水引導到過濾器，藉由高低差，再流向低處的水缸，使去人力補水的程序。

在家庭裡也可嘗試魚菜共生，池裡養小魚，改種水生植物以綠化環境，或者在小型魚缸裡種水草，水面上放置挖了洞的保麗龍板，在洞中插入菜苗，便是實現水耕的概念。

在屋頂沿著屋簷加裝引水裝置，便可收集雨水到儲水槽。

29 生態池：保濕降溫，養魚兼游泳

回收雨水除了讓水資源再生利用，也可以在屋頂、庭院、或者農場導入生態池，改變空間的微氣候，營造小型生態圈。

在市區，可以用陶缸、大塑膠桶或者廢棄的浴缸打造生態池，也有人將兩三個廢棄輪胎堆疊起來，裡頭再鋪塑膠布，導入雨水，就是一座簡易的生態池，並在池底放入少許木炭，可以淨化水質。

如果有平面土地的空間，也可以挖坑來做生態池。為了使邊界效應發揮到最大，水池不必拘泥形狀；深度挖鑿最好有淺有深（在北部或高山上，需深挖九十公分以上，寒流時可供魚菜保溫），池底放些石頭，或者將枯木捆成一捆放入池中，棲地便有了不同的樣貌，小魚也能找到適合的環境生存，避免大魚攻擊。

池內的植栽依水深不同可以種植挺水、沉水、浮水植物。挺水植物如香蒲、蓮花，可食，也有抗菌、殺菌的功效，能排除大腸桿菌；或者種植蓼科植物，例如紅辣蓼、絨毛蓼，有除臭功能，其他如蘆葦、長茅香蒲、窄葉澤瀉、荸薺等地下莖特別長，可將氧氣帶往池底，讓水質更健康。

沉水植物如水蘊草、金魚藻等，相當容易照顧；浮水植物如滿江紅，具固氮功能；布袋蓮可吸收重金屬，只是冬季休眠期要撈起來燒掉，否則會將重金屬釋回水中；或者選擇浮萍、菱角等。

廢棄輪胎、陶缸都可再變身成為生態池。

池邊陡坡可以搭配栽種濕生型植物，如野薑花、野天胡荽（銅錢草），可減少水面的日照，以防過度優養化；越橘葉蔓榕、茄苳、構樹、九穹、烏臼等都是護坡植物，能夠穩穩地抓住泥土。緩坡處可以種植原生種的紫水芋、箭葉慈菇，或多年常綠的蓮科植物，能吸收大量的氮磷鉀，以免水池內養分過多。

生態池養魚能防止蚊蟲滋生，又可營造生物多樣性，依水深不同，飼養也需要分層：底層飼養鱔魚、貝類等底棲魚類，中間層可飼養鯽魚，上層則可以飼養鯖魚、烏溜、孔雀魚、大肚魚等浮水魚類。

野蔓園的生態池可見許多蝌蚪、孔雀魚自在悠游，池子裡頭放了一捆捆樹枝，讓小魚可以躲藏，池子邊長滿南美蟛蜞菊，能充分將池水的有機質代謝掉，形成健康的水環境；農場曾經有位志工，膚質極度容易乾癢，對水質非常敏感，跳進池子裡游泳，毫無過敏反應，水質的健康完全仰賴豐富的植物淨化而成。現在英國倫敦、瑞士蘇黎世等地已經有設計師打造出生態泳池，就是運用健康而完整的自然生態，讓植物、微生物和益菌維持一個平衡的狀態，讓池水保持乾淨，不需要化學藥劑，而且只會耗費很少的能量就能運作。

不過，生態池的位置也需要仔細考慮，一般設在住宅的南邊，夏天吹南風的時候能將水氣帶進屋裡，可降低屋內氣溫，但可別設在住屋的北邊，東北季風來的時候就會把很可怕的冷風吹進屋子！

野蔓園生態池的水質，完全仰賴豐富的植物淨化。

樸門小辭典

解決蓄水問題

生態池剛挖好後，有可能因為底部土壤不結實導致無法蓄水，可以等到植物根系填滿水池底部的細縫後再啟用；也可運用「牛踏法」，以前人在引水前，會放牛入池中，把土踩緊實，或用人工踏一踏，就能夠增加保水度。在池底鋪上塑膠布的方法一勞永逸，但塑膠是對環境不友善的材質，能不用就不要用。

亞曼小撇步

生態池的適種植物

・沉水植物：
聚藻、馬藻、水蘊草、苦草、金魚藻、菱角。

・浮水植物：
台灣萍蓬草、小莕菜、印度莕菜、青萍、水禾、滿江紅、空心菜、水萍。

・挺水植物：
水蕨、大田香草、蕺菜、三白草、水馬齒、圓葉節節菜、水丁香、水芹菜、野慈菇、石菖蒲、水禾、水蠟燭、紙莎草、香蒲（水燭）、荸薺、田字草、蓮花、兩腥草。

・水岸植物：
木賊、過溝菜蕨、野薑花、車前草、石菖蒲。

生態池栽種的植物需要依水的深度搭配種植。

用浴缸打造生態池

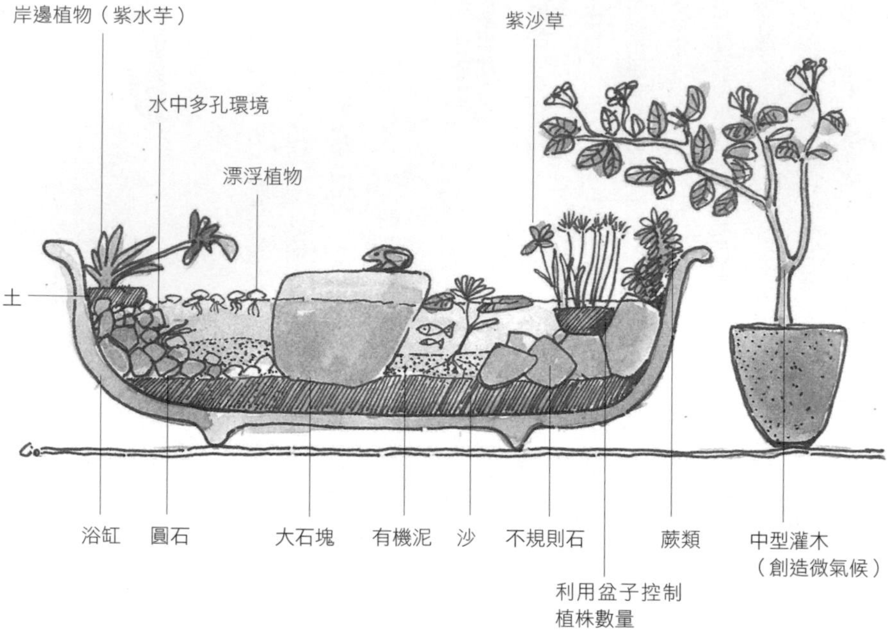

在平面土地設計生態池

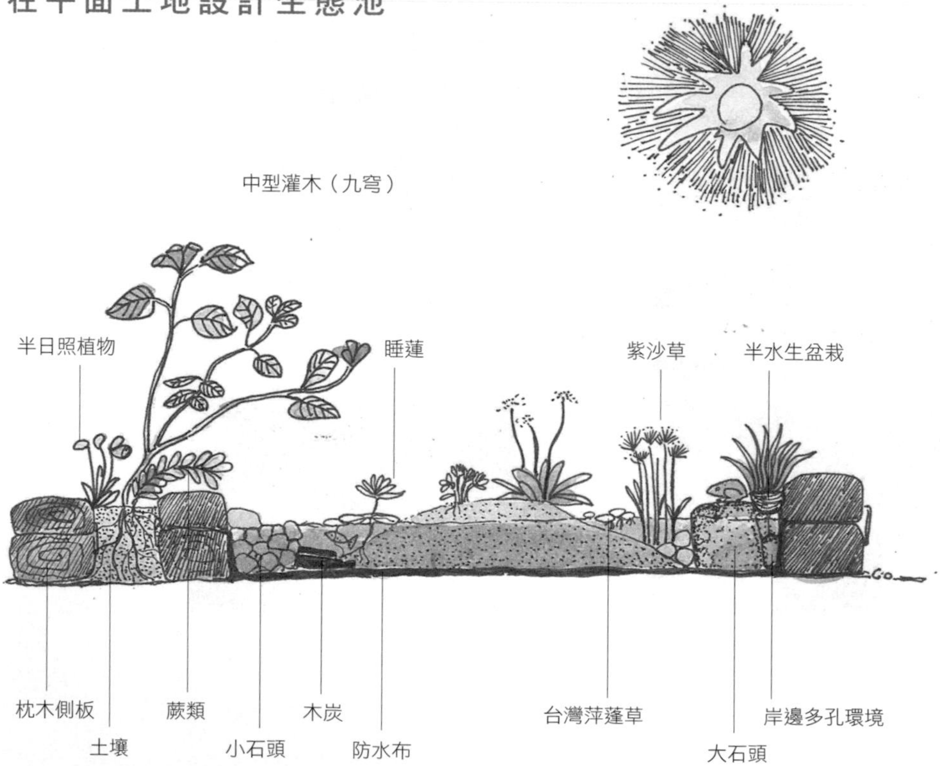

亞曼小撇步

水撲滿因應法

水撲滿並不是一個設施，而是當落雨或地面水較多的時候，讓水在地表多停留一段時間，而不要很快往下游或山下流失的設計。

例如在集水渠（詳見第六章）地勢最低的地方挖出一些凹處，若大雨後能留住一池積水，就能節省幾天的澆灌用水和澆灌人力。若地形高度變化較大，在高低交界處，就很適合挖設生態池，把集水渠的水導入，既有水撲滿的功能，也能養魚、養鴨。

挖掘生態池收集雨水，提供植物澆灌所需的水分。

5

chapter 5

鋪陳田園城市的可食地景Zone2

許多人開始樸門設計後，會希望有塊土地能實踐，其實與大樓、社區、學校合作，只要能取得一點小空間，屋頂、停車場、校園一隅、甚至廢棄荒地，都能成為生產食物的綠生活基地。

將水泥叢林變食物森林

美國加州這幾年乾旱越來越明顯，但家家戶戶卻愛在門前種只能觀賞、需要充足水分照顧的草皮，連電視新聞都宣導大家改種耐旱可食作物，還因此出現了一個「Grow Food, Not Lawns」的粉絲頁，呼籲大家別種草皮了，通通拿來種食物吧！

食用作物除了和觀賞植物一樣，有著讓我們心情放鬆的綠意，和涵養土地、豐富生態的價值，還能作為人類與動物糧食，轉變為更多樣的能源和資源。

在寸土寸金的都市裡受限於現實條件，多數都市人能擁有的也許只是個前庭花台，但在樸門人眼裡，即使花台也能種出小小食物森林。不只如此，多多觀察周遭環境，就能發現某個轉角、社區公園甚至行道樹底下，都有空地可以使用。

人行道打造可食地景，拉近人們與食物間的距離。

跨出了居家活動核心區域的〇區和一區，二區不需要如同前兩者那樣晨昏定省，在這裡適合設計生長期長、低照顧的蔬菜，低矮的多年生果樹叢，或是魚菜共生生態池。都市裡，最適合當做二區的地方，可以是閒置空間、大樓屋頂、社區庭院、街角的畸零地等，基於樸門「獲得產出」的原則，種植的植物不只有考慮美化景觀，還是以能食用的植物為主，這就是所謂的「可食地景」（Edible Landscaping），不但讓都市人與土地有所連結，也能提供居民日常蔬菜。

花圃如果漂亮又可以吃的話不是很棒嗎？這讓人想起小時候在台北後山摘採野生蓮霧的兒時回憶，如果在我們生活周遭種了許多可食用的植物，居民平時就能接觸這些「食材」，瞭解食物怎麼來的，在種植和摘採過程與大自然直接互動，就是最基本的食農教育，也是最生動的環境教育。

社區菜園凝聚居民情感

在英國小鎮陶德莫登（Todmorden），由一小群社區住戶開始了「驚奇的可食地景」計畫，他們將小鎮裡的觀景植物替換成可食植物、香草，沿著商業區的灌木叢、警察局前的花圃，甚至是墓園都種植了能採收、能食用的植栽，獲得出奇的成功，也透過和當地農民合作，成功地建立當地食品的品牌，甚至在高中開設課程；社區還發展出「蔬菜旅遊」，帶著觀光客走訪每一個菜圃，這僅僅只是改變植物的種類，就創造了社群和經濟的共同榮景。可食地景正是食物森林的一種模式，完全可以在都市和社區中實行，幫助

大樓屋頂、閒置空間的利用都是都市裡適合規劃為二區的地方。

社群凝聚向心力與使命感。

對於都市樸門人而言，就算是一小塊畸零地，一個廢棄的花台，只要掌握好植物的特性，把握原則來做設計，並且多加觀察，在城市中也能夠種出美觀又實用的食物森林和可食地景，因為吃而和土地產生互動；在社區和公園中可以透過社區菜園讓都市的綠地被善加利用，景緻不只美觀，也會因為有食物產出而更貼近居民的日常生活，讓樸門走進社區與人互動。

城市巷弄裡就能打造幸福農場

台北市泰和里吳興街六〇〇巷底，有個一百坪左右的長條型空間，由於位於山邊，地處陰濕，因常被棄置垃圾成為社區死角，居民都很困擾。社區討論後規劃為可食地景，基

野蔓園的食物森林

在野蔓園裡沒有整齊的菜園，草長及膝，看起來根本沒在「種菜」，與其說是菜圃，更接近是食物森林的樣子。

食物森林裡隨處都有當令的食物，有時東翻翻西找找，就從地上拉出了一顆成熟的小南瓜、胡瓜來加菜，這是野蔓園有趣的地方之一，每天餐桌上的菜色端看在找到什麼，有點像是老天爺決定我們的三餐，意想不到的結果常常讓換工們驚奇不已。

善用畸零空間，也能美化環境。
並獲得產出。

地較平緩處設計為菜圃讓居民認養種菜，沿山壁開闢集水渠把降雨導入生態池，池水不但是社區菜園的水源，也吸引許多物種讓社區生態更豐富完整。

不僅於此，在台北羅斯福路與辛亥路口，也有退休都市人認養安全島，默默的進行可食果園的種植，非常成功。

台北市光復南路二十二巷裡，一處私人停車場管理員利用小角落旁的閒置空間，發展成一個小小的社區果園，從酪梨、柳丁、龍眼、尤加利、桑椹、咖啡、茶花……，從高層、中層、低層、到攀爬植物，森林各種層次的植栽，這裡幾乎都有。生氣蓬勃的綠意和種類繁多的果實，成為許多動物喜歡來歇息的樂園。

而光復南路三十二巷弄裡一個五百坪大的空間，原是國防部老舊眷舍，拆除後由松山社區大學、復建里里長與我共同推動成為「幸福農場」，讓當地居民申請種菜，一百六十八個單位總是供不應求。這座市民農場成功帶起人們對種植的興趣。若能進一步推動社區廚餘製作堆肥，減少「輸入」，設計雨水收集系統，更有助於農場跟社區資源循環、互相利用，會讓這個自然模式更加完整。

綠色游擊撒下解放公共空間的種籽

國外有所謂「城市游擊」概念，像是美國波特蘭的City Repair團隊，參與者以快閃方式，帶著工具，短時間撒下種籽、種下植栽，畫上彩繪，改造街角、十字路口等公共空間，

光復南路停車場，運用角落空間，種柳丁、咖啡、桑椹等多層次植栽。

國防部的老舊眷舍拆除後，變身居民的幸福農場。

看似叛逆的游擊行為，挑戰的是城市管理者常常以「公共」之名，限制使用這些空間。

我也曾在台北市大安社區大學帶著同學進行一場「綠色都市游擊」，快閃地點就在中正紀念堂遊覽車停車處旁，我們帶著鏟子、苗栽、澆水工具，抵達安全島。一開始同學們充滿疑慮，但透過種植，逐漸將原本習以為常的安全島空間，改造成一片小菜圃。

透過這個活動，我們反省到，城市對景觀、植栽的設計，常常是基於管理本位的思考，以易於管理、整齊劃一的草坪為指標；禁止食物的種植，也就限縮了其他動植物在城市中的生存空間，同時也忽略了社區的需要。

帶領大安社區大學同學，在中正紀念堂遊覽車停車場旁的人行道上，實現綠色都市游擊行動。

都市裡的人行道、安全島都可轉型利用種植可食地景。

我家也有空中菜園！

讓二區的概念更具體而微的落實在住家環境中，可以是屋頂空間或庭院。屋頂是公共區域，在台灣，卻常見不合法的頂樓加蓋占用，若有法規規範綠化功能，將頂樓設計成屋頂花園，維持公共性，數量一多，就能逐漸形成生態跳島，讓鳥兒、蝴蝶、蜜蜂駐足，把生態找回來，好過被住民改建，影響市容及公共安全。

屋頂、庭院空間比起陽台有餘裕得多，可以嘗試厚土種植、螺旋花園、小型食物森林、蚯蚓堆肥區、雨水收集、生態池等工法施作；因為沒有屋簷的高度限制，植物們更有伸展空間，會長得更快樂；植物也有感覺，愉快生長會回饋在產出上。只是要注意，不要種植高大的喬木類或根系過深、過重的植物，以免生命力旺盛的根部穿破盆器，破壞防水層，造成屋頂漏水。

屋頂沒有屋簷限制高度，植物更有伸展空間。

樸門的二區設計裡會豢養家禽等小型動物幫忙種植（詳見第六章），養雞鴨的話怕會不受控制從頂樓摔下，若關在籠子中又失去讓牠們與植栽互動，參與工作的意義，再加上啼叫聲可能影響鄰居安寧，可以改養鵪鶉、兔子等小型動物代替。

30 防水、載重：屋頂花園的設計首部曲

屋頂花園除了能夠成為都市生態跳島與多樣生物的棲地，還有降低都市的熱島效應，以及減少都市淹水發生的功能。

美國紐約皇后區的布魯克林農莊就坐落在一棟六層大樓的樓頂，每一季能產出上萬斤的蔬菜，直接供應給餐廳，減少食物里程中的碳排放量。自二〇一一年起，農莊甚至開始生產蜂蜜；連對生態環境敏感的蜜蜂都能飼養，顯示在都市的頂樓空間，也能夠打造一個健康、多樣的自然環境。法國著名的建築師柯比意，於一九二六年設計自宅時，就提出影響後代建築師的「新建築五點」，其中之一就是屋頂花園，希望人們能更親近土地。

但是，屋頂種花、種草最令人擔心的，便是漏水問題。老舊公寓年久失修，地板破舊，或有裂痕，總有各種漏水的問題，而新建房屋，也可能施工品質不夠精良，地板不夠平整，產生積水，讓人卻步。解決的方式除了大成本重新施作屋頂防水工程外，最簡單的方法，就是把種植盆器架高，保持底部水分的流通，不積水也就不會產生漏水問題。

屋頂花園可提供都市生態跳島，
種植也可不受高度限制。

此外，在設計時還要考量大樓的載重問題，以平均每平方公尺載重二〇〇公斤的標準來看，最多只能夠覆蓋十~十五公分的泥土，因為一般泥土的比重約一・五，容易造成屋頂負擔，最好挑選比重較輕的土壤或介質，因此以盆器或木頭材質的植栽箱、保麗龍等，是不錯的選擇。同時，植栽最好沿著大樓的梁柱位置或是頂樓的周圍放置，可以減低承載的負荷。

屋頂種植時把盆器架高，就不需擔心漏水、積水問題。

種植技巧大解析

許多人是從耕作、種植植物開始接觸到樸門。植物是最容易捕捉能源的一種模式，透過植物，我們把土壤中的營養、陽光的能源轉化成可以被消化吸收的食物。透過妥善運用植物元素在樸門的設計裡，並借鏡世界各地不同文化的種植方法，想成為綠手指沒有什麼祕訣，先摸清楚種植的植栽有著什麼樣的脾性，以及創造它們喜歡的環境！

31 種籽取得的方法：讓作物自然進化

植栽的第一步是取得苗種，現在多數人種植都是去苗圃或園藝店取得種籽或種苗，但最好是取得適合現有環境的種籽；尤其，可以在自家種植繁衍幾代之後，將狀況最佳的果實選作留種更是首選。

像在野蔓園，從小蕃茄結果開始，我每次會挑選最大的果實保留下來做為種籽。如此經過幾代，果實從原來一公分大小，到現在已經能長到近三公分大，而且抗病力佳、產量多，幾乎整年都可種植，甚至到了隨處可見的自然循環生長方式。

而一般人種絲瓜會留下最早長出的果實，我卻是留最晚長出的，幾代下來，野蔓園的絲瓜產期能從夏天延長到隔年一月，如此產期延長，冬天可以吃到絲瓜，也讓食物的選擇變多；或者一株可以生二十幾條的大冬瓜，這種高產量的優良品種就要選留。（保存種籽的方法詳見第六章種籽球）

種籽是植物為了傳宗接代所演化出來的機制，透過有性繁殖篩選優良基因，確保植物保有生長優勢。取得種籽並不難，只要留意每株植物開花結果的過程，挑選想要的果實（可用紅線綁住做為記號，以免誤摘），在下一次的種植季節重新育苗即可。使用留種

商業種籽

植物理應隨著四季更迭枯榮，代代繁衍，卻有農業生技公司研發只能種植一次的種籽，雖然好種好收成，但收成後的種籽卻無法孕育下一代，或品質不成比例，想繼續種植，只得落入再採買商業種籽的惡性循環。留種是我們能自己延續大自然的原則，也確保入口食物符合自然運行的倫理，因此避免選無法永續利用的商業種籽，才符合樸門的精神。

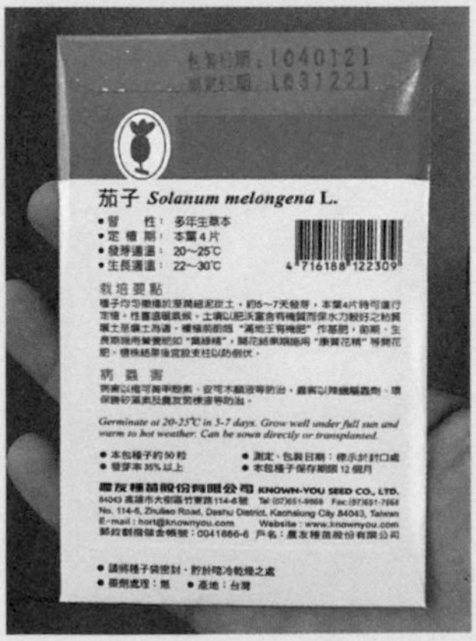

野蔓園會挑選最大顆蕃茄做為留種，讓下一代果實進化。

的方式可以保留現地適合的品系，也比較能保留食材的當地風味。

不過，若想種自家所沒有的作物，建議因應樸門社群鼓勵分享的精神，可留意網路社群上有許多種籽分享、交換的社團，偶爾可以換得黃金薏仁、雞蛋蕉、手指蕉、薑黃等不易取得的種苗。此外，到各地旅遊時找當地老農聊天，也會有不錯的收穫；曾有一次我到宜蘭雙連埤看到一位老農種日本品種的白色南瓜，我要跟他買，他不賣，堅持用送的，我就開心的帶回家囉！

32 發芽、播種：幫種籽打破種皮

時常遇到家裡大蒜、薑、馬鈴薯、地瓜等，還來不及烹煮就發芽了，許多人見不能吃就丟掉，不如就拿來種吧！廚房常見的根莖類植物發芽較為容易，若是有著堅硬外殼的種籽，要如何使其發芽呢？多半是將外層去除，甚至用剪刀幫它開個小洞；如果是如香椿、馬告、明日葉等特殊種籽，需泡水數小時，讓種籽內部吸滿水分、膨脹，就能夠發芽；另外也會用冷藏催芽法如萵苣，種籽先用冰箱冷藏一晚，用低溫打斷休眠，較易發芽。

較為特別的是種植蕃茄時，要將果實直接捏破，蕃茄汁裡有酵素，可幫助種皮變軟，讓種籽較好發芽；至於草莓、火龍果等種籽較細小的水果，用絲襪包著，沖水洗去果肉，取得種籽，然後鋪在乾淨的無菌土或吸水的紙張上澆灌，包上保鮮膜，用橡皮筋固定數日後，就會發芽。

若是薄荷、葉菜類等更小的種籽，可以混合培養土後，鋪在盆栽土壤上；〇．五～一公分大的種籽，如果實、豆類、瓜類，則可用小鏟子側邊或用木條在土壤挖出條形直溝，將種籽播灑在土溝上，再蓋上一層薄土（也就是條播法）；若是大於一公分的種籽（能夠用手指一顆顆拿起來），則要在發芽後壓入土中或盆器穴苗盤內。

播下種籽之後，要評估覆土情況，有些種籽適合在陰暗處催芽，有些則是需要陽光才會發芽，種植前要調查清楚植物的特性。

亞曼小撇步

豆芽也很營養

種籽是大自然的禮物，因為背負傳宗接代的責任，本身的營養就十分豐富，國內可以買到活芽菜商品，例如：苜蓿芽、蘿蔔嬰、黑豆芽、綠豆芽、碗豆苗……，買回來之後植物還會一直生長，能夠採收兩次。

然而，我會建議大家在家裡自己試試看：將選定的豆子洗淨泡水數小時後，將水排掉，保濕、保溫數小時後就會發芽，之後每天澆水二～三次，三～五日後就有芽菜可吃，催芽期間內不要照到光，可保鮮嫩。

播種時需依據植物特性，種籽才會發芽。

羅蔓切下根部，底部浸水就能發芽。

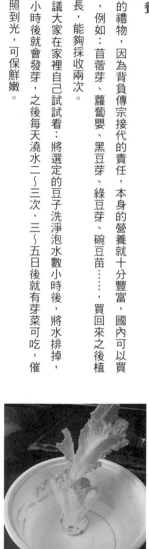

33 繁殖、插枝：快速繁衍

樸門很重視保種與繁殖，不只避免不被種苗公司混入基改植物及壟斷特殊品種，還能傳承各地方特殊品種、飲食文化與風味。同時，也保留更多特殊品種與生物基因，維持生物多樣化。

繁殖植物的方式有很多，種籽繁殖的優點前面已經提過，然而速度慢，得從孵種籽開始，慢慢地等它長大；扦插的方式則較為快速也被較多人使用，能夠快速複製母株的基因，並且讓植株的品質都保持一致，只要擷取一年生的頂芽約四～五公分，插入土中細心照顧就能夠存活，也能夠應用在已經生長太過茂密的植株，剪下枝條後，插到別的盆子，沒多久一盆變兩盆，兩盆變四盆。插枝大致分成四種：枝插、葉插、芽插、根插。

- **枝插**：大多數的草本與木本植物都相當適合，取植物二～三個節點的枝幹做插穗。例如樹薯。
- **葉插**：適合有許多葉面肥大的植物，例如石蓮花、到手香、落地生根、仙人掌等，只要摘下狀況良好的葉片並保留一公分左右的莖，插入土中就能發芽。
- **芽插**：適合生長旺盛的藤蔓植物，只要取頂芽或側芽種入土裡就能存活，如香蘭、金銀花、草莓等。
- **根插**：適合生產力強大的植物選用，如香椿、枸杞、覆盆子、咖哩樹等。

枝插的情況較常見，剪切的傷口需要使用草木灰消毒，或者讓切口風乾之後，再插入土內，插入土後要留意維持植株的水分保存；若枝幹有太多葉子，則摘去其他只留下兩～

薰衣草是較容易扦插成功的香草植物。

三片，如果葉子太大，可以用剪刀剪去一半。土壤需保持濕潤，但切勿施肥，因為枝插的目的在於讓枝幹長根，若下肥料可能會感染而導致腐爛。下土後除了要常澆水，也可以用保鮮膜，或加蓋的方式減低水分蒸散。坊間會使用的發根劑，屬於人工環境荷爾蒙，對人與環境都不好，可改用自然的方法：將扦插苗泡入柳樹根條浸過一夜的水中，數小時後再插入盆，可使成功率提高到百分之八十五以上。

一般香草植物都很適合扦插，薰衣草、迷迭香、香峰草、薄荷，都是非常容易扦插的植物，若朋友家有種，不妨跟他討一小節回來插枝，會非常有成就感！

34 嫁接：讓較脆弱的植物成功繁殖

可能很多人不知道，因為基因變異性太大，品質優良的蘋果是沒辦法用種籽去繁殖的，若把蘋果枝條嫁接到如梨子等的近親母樹上，就能擴增產量。常見的還有像是桃接李，桃通常比較健壯，可當砧木；茄科則可以刺茄接茄子。

運用嫁接技術得先搞清楚每個植物的科屬，才能去進行；至少必須是同科的才能繁殖，同屬的才能嫁接，同種成功機率更高。英國《每日郵報》曾報導，西薩塞克斯郡有一名園藝師每年冬天都會給某棵蘋果樹嫁接新品種，二十四年之後，這棵蘋果樹同時長出了兩百五十個不同品種的蘋果。台灣的清境農場也有一棵早期橫貫公路開墾後種下的蘋果樹，也是由數種品種嫁接成果的多品種蘋果樹。

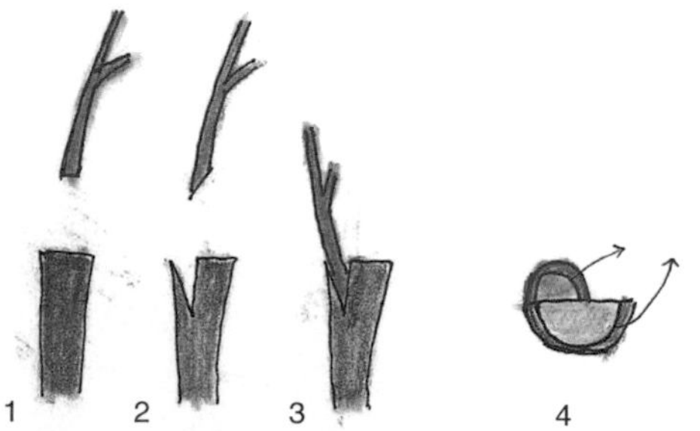

嫁接時插入形成層後，用膠帶綁緊，以免水分流失。

嫁接的優點除了能複製優良品種，還能縮短果樹與花卉的成熟期，並且讓受到病蟲害或機械傷害的樹苗修復後繼續繁殖下去，從樸門的角度，嫁接可以增加植物多樣性、延長食物供應期、保留優良品系、預防病蟲害。

但是要如何做呢？首先得選擇一株強健的母樹枝條，枝條直徑大於衛生筷即可，將母樹剖開約二～三公分的斜狀缺口，然後對準母樹切口的形成層插入，用膠帶或者繩子綁緊，套上塑膠袋保持水分。枝條不要保留太多葉子，避免水分蒸散，如此數周後就會發芽。最好的嫁接時間是冬至前後，不要晚於清明。

亞曼小撇步

兩種壓條法

遇到茶花、桂花、芭樂等這類植物時，因為樹皮很薄，嫁接難度很高，可以考慮採用高壓法，只要把枝條環狀剝皮之後，接著在剝皮處用塑膠袋包上一個土團或者水苔，就會長根，這個方法步驟簡單，而且速度快、繁殖量多，是木本植物繁殖的常用方法，像是玉蘭花、玫瑰等也都很適合。

高壓法之外，還有一種普通壓條法，就是將枝條直接壓入土中，使枝條發根變成新的植株，此法較適用於枝條柔軟的半蔓性植物，如莓果類、枸杞等。每一種植物適合使用的方法不同，操作前一定要先做一點功課，才能讓你的植栽越來越多，省下購買苗木的費用！

嫁接

35 澆灌：依照蒸散速度給水

「老師，我這盆迷迭香需要多久澆一次水？」真是大哉問。有句俗話說「澆水三年功」，意思是看似簡單的澆水也必須學上三年才能掌握住技巧。什麼時候需要澆水？要如何澆水？澆多少水？說起來可是一門學問。

澆水，不是持續給水就可以了，過多的水分也會讓植物生長不良，甚至根系腐爛；要看懂植物的求救訊號，只要觀察到葉子失去光澤、垂軟，或者把食指插入土內兩個指節深，土卻沒有附著在指頭上，這就表示必須澆水了。

因為天氣、環境隨時有變化，所以水分的蒸散速度也會不同，例如冬天、下雨天，可能得降低澆水頻率。再更仔細一點，可以在日曆上做一些記錄，找出照顧植物的最佳方法。如果容易忘記，也可以寫成標籤插在盆子裡頭，寫上：「兩天澆水一次」，或者是「每逢一、三、五澆水」提醒自己。對待需要高濕度的植物，可以考慮使用噴水壺噴出細霧狀的水珠來維持環境濕度。

除非是葉子上頭的塵土過多或是氣候過熱，才需要淋灑葉片，不然應該直接澆入土壤中，讓整個盆栽都充滿水分。記得澆水不要小氣，要澆透土壤，讓水分有少許從盆底流出。花盆底下放置盆子，往往讓水分過多無法排出，尤其下大雨時一定要記得拿掉。但避免盛夏日曬嚴酷時，放盆子可積蓄一些流出的水分，讓植物過曬的時候能補水。

台灣的盛夏炎熱，盆栽下可以放盆子，積蓄補充的水分。

澆水時間以早晨或是傍晚較佳，盡量避免正中午，以免溫度過高，導致水分蒸散太快；尤其盡量不可葉面上有水珠停留，以免日曬造成灼燒，甚至掛點。

36 覆蓋：沙漠也可種出香菇

如果大家有走過森林步道，應該會注意到，森林底下總有一層厚厚的覆蓋（mulch），這些覆蓋物大多是落葉組成的，不僅保護土壤免於過度日曬乾燥，經過長時間腐化之後也都成了養分。

覆蓋能夠有效的防止土地水分的散失，而且減緩降雨時對土地的衝擊，可以保濕、循環，並帶來微生物菌相的改變。一棵植物所種植的土地周圍若是空蕩蕩一片，土裡的水分將會大量的蒸散、微氣候不穩定，存活在土裡的微生物、菌種等生物群相都會被破壞。

覆蓋物包括無機物、有機物以及活的覆蓋物等不同選擇。例如種草莓的時候在土地上覆蓋的黑色塑膠布就屬於無機物，其他像是沙、碎石子、廣告帆布、棉質舊衣物、床單等，也都是可以拿來利用的材料；有機物最常見的是枯枝落葉、稻草、稻穀（粗糠）、花生殼、修剪下來的雜草、木屑、紙箱等。

活的覆蓋物指的就是能夠提供遮蔭效果的植物，例如葉子很大的南瓜、馬鈴薯、地瓜葉、三葉草、或者一些地被植物、豆科或紫花植物都很適合，除了能夠保護土壤，也能

落葉、回收的厚紙板是常用的覆蓋物。

提供額外的養分。如果沒有急切的覆蓋需求，使用活的覆蓋物是非常棒的選擇。

在田裡面大量覆蓋有機物質，還能有效對抗病蟲害，例如春天的時候覆蓋稻草、乾草，能夠吸引蜘蛛前來，成為幫忙掃除害蟲、讓作物健康成長的小幫手；但進入夏天就要改成粗糠、木屑、灰燼等材料，防止會吃嫩芽的蝸牛。

關於覆蓋的重要性有個知名案例：比爾墨立森的大弟子傑夫．勞頓（Geoff Lawton）在二〇〇〇年初期，帶著約旦人一起將死海附近嚴重鹽化的沙漠，轉變成生產力高而且種類多元的果園。

傑夫利用等高線挖掘溝渠，盡可能的收集雨水，並且利用廢棄的有機物，堆積在溝渠上，降低水分的散失，如此減少了土地的鹽化，甚至在果樹的下方發現長出香菇。這表示原本貧瘠的鹽化土壤已經轉變成濕潤的保水環境，上網搜尋「Greening the Desert」這部影片，就能夠見到善用雨水收集以及覆蓋物轉變一塊土地的奇蹟故事。

枯葉、紙箱等，都是可用來做為覆蓋的材料。

37 避忌種植：減少蟲害

植物有千萬種，性情各有不同，有的會彼此牽制，有的會互補長短，只要懂得它們的好惡，相互搭配群落種植，就能得到相輔相成的種植效果！其中，利用植物本身含有的特殊成分來防範蟲害，扮演守護者的角色，稱之為「避忌種植」（Evasive planting）。

常見的避忌植物有那些呢？例如芳香萬壽菊、金盞花、紅鳳菜、甜菊等，有除蟲菊的成分；韮菜、蔥、蒜、辣椒則是靠著強烈的氣味驅趕昆蟲；這些植物和主要作物一起混種，通常都有不錯的驅蟲效果。將避忌植物交錯種植在植物之間，或是種植在鑰匙孔花園的外圍，不僅能驅蟲，也能食用，一舉數得。

台北市光復南路幸福農場裡，有些菜圃就採避忌種植法，混種蔥、蒜、薄荷、九層塔與葉菜類、萵苣，呈現出樸門多樣性種植的概念。

要食物森林長得好，光靠避忌種植是不夠的，讓小生態維持平衡，藉由物種多樣性形成健康的食物鏈，自然引入捕食害蟲的小動物、昆蟲維持生產系統的平衡才是根本之道。

避忌植物參考表

植物名	科目	效用
百日草	菊科	防治蕃茄芽蟲、瓜葉蟲、小金瓜蟲
萬壽菊	菊科	驅除根腐線蟲、防治粉蝨、天蛾幼蟲

菜圃裡混著種蔥，就是避忌種植法的運用。

大理花	菊科	抑制線蟲
蕎麥	蓼科	驅除扣頭蟲的幼蟲
矮牽牛	旋花科	防治稻桿蠅、蚜蟲、螞蟻、豆類害蟲
白花天竺葵	香葉草科	防治葉蟬、小金龜蟲
豬屎豆	豆科	抑制甘薯根瘤線蟲、南方根腐線蟲
金蓮花	金蓮花科	可引誘蚜蟲、溫室粉蝨、緣邊椿象
天竺草	禾本科	抑制各種線蟲
大茴香	繖形花科	防治蚜蟲、吸引蜜蜂
芫荽	繖形花科	防治多種蟲類、吸引蜜蜂
蝦夷蔥	百合科	防治蚜蟲、防蘋果黑星病
大蒜	百合科	防治蚜蟲、潛樹皮害蟲與各式病害
薄荷	唇型科	驅治紋白蝶、蠅類、老鼠
迷迭香	唇型科	驅治紋白蝶、蠅類、夜盜蛾
鼠尾草	唇型科	驅治紋白蝶、蠅類，不能與胡瓜間作或混作
紫莞	菊科	防治疫病，對甘藍、洋蔥生長有幫助
金盞花	菊科	防蚜蟲、蘆筍的葉蟲
波斯菊	菊科	可種於園圃邊緣來防蟲
除蟲菊	菊科	防治多種蟲害
苦艾、山艾	菊科	防治紋白蝶、蚜蟲

38 伴護種植：牽手共榮

源自南美洲安地斯山脈高原的莫奇卡文明，經過數代的觀察，巧妙利用伴護種植（Chaperone planting）的技巧在農園之中，互利共生；最經典的案例就是在種植玉米時，同時將南瓜種籽一併種下，待玉米生長約二十公分高後，再種下豆科植物，這三種共生植物被稱為「生命三姐妹」，三姊妹伴護生長特性達到互相照顧的作用。

南瓜的葉子可以遮住陽光，減少雜草生長的機會，保護了玉米的根部，而豆科植物可以穩固土壤裡的氮元素，提供玉米、南瓜生長所需的養分，三者相互扶持；同樣的原理可以用在被稱做「生命三兄弟」的牛蒡、馬鈴薯和花生身上。會有名稱上的差異，則是因為三姊妹會開花，而三兄弟的花屬隱性花不明顯，只有結果而已。

另一個浪漫的組合，就是玫瑰與葡萄。在法國的酒莊區，常可以看到葡萄藤旁種植玫瑰，因為玫瑰比葡萄更容易染上真菌性的疾病，只要觀察玫瑰，管理者就可以知道葡萄會不會染病；此外，玫瑰又有很高的附加價值，一舉數得。

樸門設計師的工作就是去找出這樣的組合，像廚師把對的食材放在一起創造出味覺的饗宴，或是作曲家排列音符一樣，創作出大自然的交響曲。

玉米、南瓜、豆科稱為生命三姊妹。

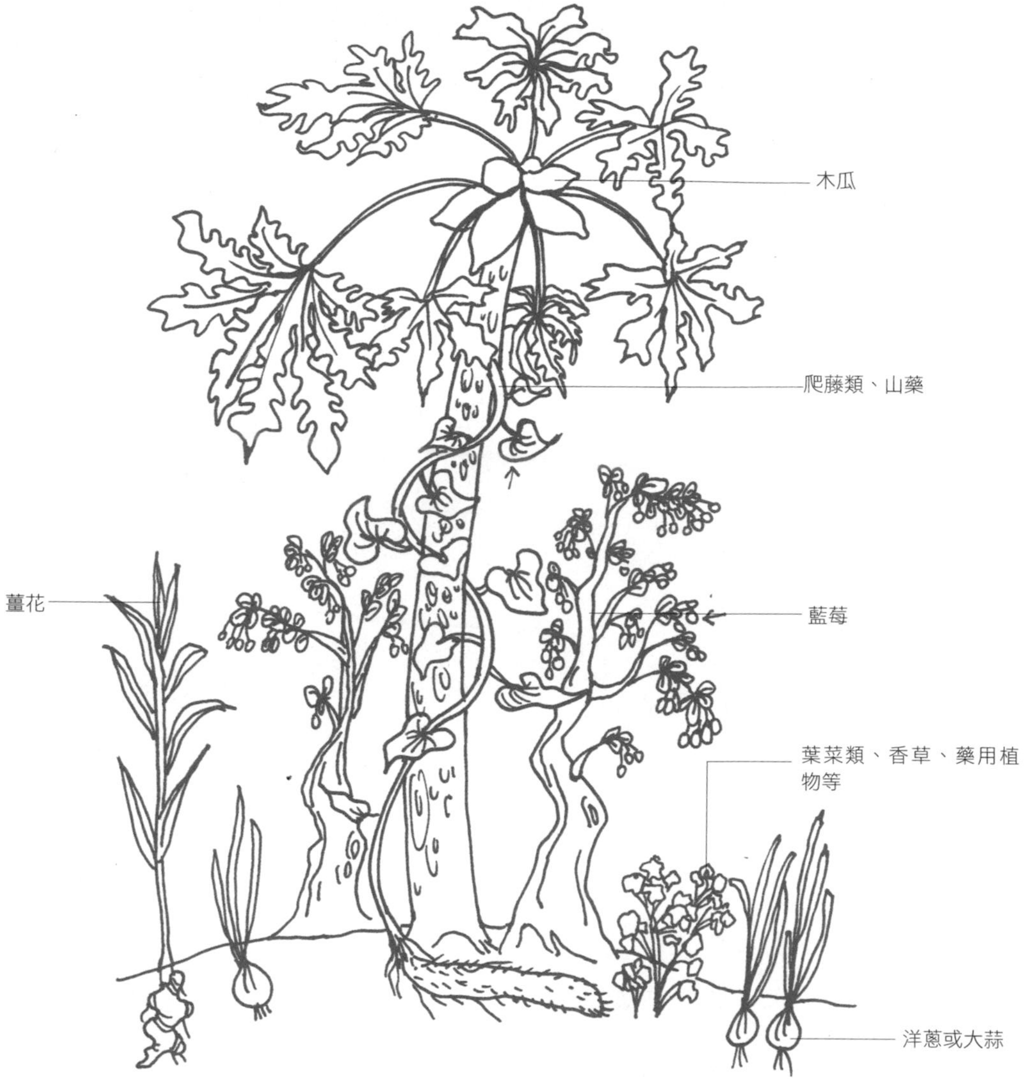

多樣性、多層次的植物，藉由伴護與避忌種植的搭配方式互利共生。

伴護植物參考表

主要作物	共榮作物	有益植物（具有避忌效益）
甘藍、芥蘭、花椰菜、花菜苔	大豆、菜豆、芹菜、萵苣、菠菜、胡瓜、蕃茄、洋蔥、馬鈴薯	大蒜、薄荷、山艾、甘菊、迷迭香、金蓮花、百里香、天竺葵、柑桔
芹菜	豆類、甘藍、蕃茄	大蒜、蝦夷蔥
菠菜	甘藍、草莓、萵苣、豌豆、胡蘿蔔	
萵苣	甘藍、大蒜、菠菜、胡瓜、洋蔥、胡蘿蔔	蝦夷蔥
洋蔥	甘藍、大蒜、萵苣、草莓、香茄、辣椒、胡蘿蔔	薄荷、甘菊
韭菜	辣椒	
豆類(矮性)	甘藍、芹菜、蘿蔔、胡瓜、茄子、玉米、胡蘿蔔	萬壽菊、迷迭香、金蓮花、百日草、天竺葵、矮牽牛
豆類(蔓性)	玉米、豌豆、胡蘿蔔	薄荷、牽牛花、萬壽菊、迷迭香、金蓮花、百日草
豌豆	玉米、胡瓜、蕪菁、蘿蔔、胡蘿蔔	薄荷、蝦夷蔥
紅豆	大豆	
南瓜	玉米、甜瓜	薄荷、萬壽菊、金蓮花
胡瓜	玉米、菜豆、蕃茄、胡蘿蔔	薄荷、萬壽菊
蕪菁	豌豆	

球莖甘藍	洋蔥	
蘿蔔	蔥類	蝦夷蔥
胡蘿蔔	豆類、萵苣、洋蔥、蕃茄、豌豆、辣椒、亞麻	蝦夷蔥
甘藷	芝麻	
玉米	菜豆、胡瓜、甜瓜、南瓜、豌豆、馬鈴薯	萬壽菊、牽牛花、天竺葵
馬鈴薯	豆類、甘藍、豌豆	萬壽菊、金蓮花
大蒜	甘藍、蔥類、蕃茄、葡萄、桃子、蘋果、玫瑰	
蕃茄	蘆筍、芹菜、胡瓜、蔥類、大蒜、胡蘿蔔	萬壽菊、薄荷、蝦夷蔥、金盞花、百日草
辣椒	茄子、蔥類、蕃茄、胡蘿蔔	
青椒	蔥類	
茄子	豆類、辣椒、甜椒	萬壽菊
葡萄	大蒜	金蓮花、牛膝草、桑樹、蝦夷蔥、天竺葵
桃子	大蒜	蝦夷蔥、金蓮花
蘋果	大蒜	芹菜、蝦夷蔥、金蓮花
草莓	豆類、萵苣、蔥類、菠菜	百里香、除蟲菊
玫瑰	大蒜	蝦夷蔥、芸香、柑桔、天竺葵、萬壽菊

小麥	玉米、山楂花	
水稻	甘藷、瓜類、毛豆、甘蔗、葡萄、豌豆、大豆、蕃茄、茭白筍、馬鈴薯、葉菜類	

亞曼小撇步

群落、伴植、避忌種植的方法

1. 可以在同一個花圃中挑選一到兩種主要作物，進行伴植、避忌的搭配。
2. 一定要考慮植物水分需求量，日照則透過調整種植的植物高度來搭配，可在較喜歡陰涼環境的植物旁種植高一點的植物伴護；若在苗栽還小時，於西邊種植豆科植物伴植，不止可防曬，固氮效果更有利目標植物生長。

菜圃中可以避忌與伴護種植法搭配運用。

39 換盆：別忘了先和植物溝通

不管是從花市買回來的盆栽，還是已經栽種一段時間的植物，都可能會面臨換盆這個階段，一般賣場販售的盆栽大多是三吋盆，在你買下之前不知道已經種了多久，盆裡的根系有可能早就盤滿了整個盆子，因此一旦有了以下幾個情況，就要考慮替植物換盆了：

1. 根系已經從盆底的排水孔鑽出了。
2. 澆水時發現水分不易滲入土裡，這表示根系可能已經塞滿盆子。
3. 天天澆水但植物還是呈現缺水狀態，這表示可能土壤的涵水能力已經大幅降低。

換盆不只是讓更植物有更大的空間生長、呼吸，也能藉由換盆的過程，修剪老化的根系，或者同時分株，讓一盆變兩盆，以保持植物的生命力。換盆的時候要考慮什麼呢？

1. 換盆的時機：

一般來說常綠樹種以春秋兩季為佳，並盡量挑選夜晚與陰天的時候換盆，但有時要考量各種植物的特性，例如落葉樹種可趁冬天休眠期換盆，熱帶植物則適合在夏季生長力旺盛的時候換盆，如果正在開花的植株則避免換盆。已經長大成形的木本植株通常一兩年需要換盆一次，而草本植物生長較為快速，一旦爆盆就得考慮更換，否則可能會因為植株太過茂密而擠壓到生長空間。

寶特瓶回收再製利用後，就是一個具有特色的盆器。

2. 換盆時的準備：

首先要準備比原本盆子大一兩號的盆子，原先若三吋盆，就可考慮換四吋或五吋盆，通常塑膠花盆與素燒陶盆的價位幾乎相同，塑膠盆的特色就是輕便保水，而陶盆的好處就是排水性較好，哪一種好得看植株的特性。

換盆時首先要將植株取出，可要記得輕輕的跟它說話：「忍耐一下，要搬家了！」只要有誠意的跟它溝通，就能夠輕易的取出。其實大多數人都不知道，植物也有感覺，能感受到人的善意、惡意。在《植物的祕密生命》這本書裡面，提到當人類想要砍掉哪顆樹的時候，其他植物也會反彈和恐慌，甚至胡蘿蔔知道自己將要被兔子吃掉的時候，也會不禁地發抖。所以，記得在換盆之前都要好好地跟植物說話，就能輕鬆的把它請出原本的居所了。

從盆子取出來後別急著放進新盆中，先檢視根系狀況，可以輕輕的去除老化的根部，枝葉也稍作修剪。接著在新盆底部放入砂網或者不織布，阻擋土壤的流失，接著放入土壤與植栽，作法也可參考本章第四十五項「厚土種植」的介紹，做一個小型的盆栽厚土種植。舊植栽的高度切記不超過種植線，如果盆栽沒有標示出這條線，則以盆栽的八～九成高來計算，避免太高或太低。

剛換盆完的植栽就像是剛動完刀的病人一樣，要給予充分的休息與照顧，因此換盆之後就要充分的澆透盆栽，讓植栽能夠吸收水分，並移到較陰涼處，避免有強烈的氣溫變化，等待數天或數周，新葉長出或展開之後再移動到原本的地方就可以了。

剛換盆完的植栽要給予充分的休息與照顧。

換盆記得輕輕的跟植物說話。

40 定植、移植：給植物長居久安的環境

當植物生長到某個程度，還是須移植到土地裡，稱為定植。移植的第一步得先觀察地理條件，選好位置，選定地點之後就要開始挖坑，一般我們使用尖型圓鍬來挖洞，挖掘的深度大概是一個圓鍬頭的長度或者十～三十公分左右。

挖坑有個小技巧，最好是挖成四方形的洞，或下面較寬的梯形，如果挖成下面較窄的圓形，植物的根就會像是在盆子裡面一樣，不停的繞圈圈。將植株從盆子取出來的時候，記得將原有的泥土一起種下，存活率才會比較高。

從盆子裡移植到土地上，只是土地變大而已，較不需要擔心，但若要將原本就在土地上的樹木移植到其他地方，就要特別小心了。有些植物根系相當寬廣，要先斷根，讓樹木長出細小的根，以便移植後能夠吸收養分；通常幾個月前就得開始斷根，樹木越老，預備時間就要越久，甚至分數次進行，才不會讓植物一下子受到太大的損傷。另外，樹木周圍的土團要保留基幹的三～五倍大，移植同時修剪枝葉，以減少水分蒸散。

越年輕的樹木移植的成功率越高，老樹的成功率只有兩成，移植等於砍了它，如果土地上已經有既存的樹木，記得要尊重這個原生住民，改變我們的房屋或者是苗圃規劃去搭配設計。

定植挖坑的深度以十～三十公分左右為宜。

用心，壞土也能培育為好土

課堂上常有學員問我哪種土壤是好土壤？我的答案是土壤沒有好壞，只要適地適種，就是好土壤。當然，我會與學員分析，形狀、顏色、ＰＨ值、特性等土壤物理與化學特性，但終究需要自己從心態上改變對土壤的成見。

41 土壤檢測：判斷土質成分

樸門非常強調適地適種，所謂的「適地」，就是在種植之前，得先認識當地土壤特性才行。土壤測試（Soil Test）方法很簡單，在土地上取樣，挖出二十～三十公分厚的土壤，取一個透明的瓶子，加入一把土，注滿七分水，劇烈搖晃均勻後，靜置至少六～八小時，就可看到土壤在水中逐漸分層，越底部的土質顆粒最粗，越接近瓶口越細，粗略是形成三層，底層最粗的是砂質土壤、中間層是壤土、上層便是黏土。

測試的用意在於瞭解當地土壤的特性，判斷適合種植的植物，例如砂質土壤可種瓜、豆類，黏質土壤適種水稻、芋頭等的禾本科。此外，還能在興建自然建築時，做為製作土磚時，砂、黏土比例的參考。

除了觀察質地外，還可以從內含的有機質、礦物質、保水性、透氣程度、溫度、酸鹼值、蚯蚓、小動物、昆蟲、顏色、味道、香氣等條件來分析、判斷。

土壤測試

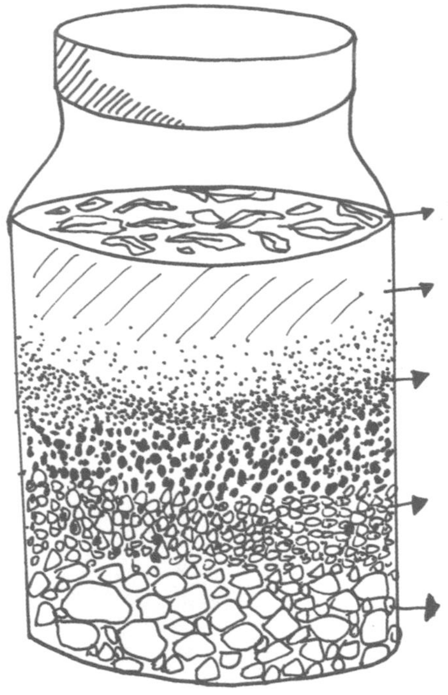

如果遇到不是你期望的土質該怎麼辦呢？對於樸門人來說，沒有所謂不好的土壤，只有適合生長的作物，例如在風頭水尾的雲林海邊，被認為寸草不生的鹽鹼地，特別適合蕃茄生長，甜度更高。一開始許多人很難想像，屏東林邊名聞遐邇的黑珍珠蓮霧，果樹被海水淹過後，果實反而更加鮮甜，外表發亮如珍珠般。這些土壤，皆因為海水的浸潤，增加礦物質，栽種出特別美味的作物。

42 堆肥造土：垃圾也能變黃金

常有朋友問我，「亞曼，我們在都市種植，土要從哪裡來？」一般都是到花市、園藝資材行購買培養土、泥炭土、或者是黏性很高的陽明山土，除了不符合樸門的理念以外，我並不建議使用品質、來源無法掌控的土。若能到野外取得如山溝裡的淤泥，或者收集大雨、颱風過後，被沖刷下來的泥土，既免費又好用；再不然，就是自己動手造土。

造土的第一步就是製作「堆肥」。約二十年前主婦聯盟推廣家中陽台使用廚餘桶，那時候起，我就開始做家庭廚餘堆肥，但常常產生厭氧發酵的臭味，之後學習大型廚餘堆肥、草葉堆肥，並且不斷實作累積經驗。堆肥的方式非常多種，因應野蔓園的當地資源，我比較常教蚯蚓堆肥、十八天堆肥、枯枝落葉堆肥、香蕉圈堆肥以及堆肥廁所式的堆肥。

為什麼要堆肥呢？依照樸門「零廢棄物產出」以及「盡可能捕捉與儲存能源」的原則，垃圾也能變黃金。有許多生物資源是沒辦法直接被植物利用的，例如廚餘或枯枝落葉，

動物糞便是最好的堆肥原料。

必須靠著細菌的幫助，把這些大分子分解成小分子，才能被植物吸收利用。

堆肥的製作有「細菌分解」與「生物分解」兩種方式。細菌分解又分「厭氧發酵」跟「好氧發酵」，厭氧發酵就是傳統的廚餘桶堆置法，而十八天堆肥則是運用好氧發酵原理設計的；至於生物分解，則有香蕉圈堆肥、蚯蚓堆肥等，根據我多年研究與實作的心得，以蚯蚓堆肥的製作方式最友善、也最容易。上述幾種方法都會產出液體肥，收集稀釋，做成堆肥茶使用極佳。

厭氧發酵會在幾近密閉的環境（如桶子）進行，需要的時間從六個月～一年，發酵分解過程會伴隨產生硫化氫、氨氣等臭味，若在都市中操作行容易引起鄰居的抗議。

而好氧發酵則是在氧氣充足的環境進行，時間比較短，大約三～六個月就能完成，如果再勤快點常常翻攪，二～三個月就能完成。過程中不會有異味產生，產物則有液肥、二氧化碳、營養鹽與堆肥，而且溫度會高到六十幾度左右，甚至能夠用堆肥來加熱洗澡水，物盡其用。

43 蚯蚓堆肥：地下的造土專家

廚餘是家庭常見的廢棄物，除了分類丟棄外，廚餘也可以製作堆肥，轉換成植物最佳的營養來源。

廚餘做堆肥過程產生異味讓人反感，最佳的替代方案可請紅蚯蚓代勞。蚯蚓堆肥只需

廚餘藉由細菌分解，不僅能造土，還能成為植物最佳的營養來源。

二～四周左右就有產出，既不會佔空間、不會產生異味，對植物來說，蚯蚓可將有機質與礦物質消化成有機腐植土、可以固定土中的重金屬，亦能活化土壤，改善土質，是最有力的幫手。

想在都市取得紅蚯蚓不太容易，可以到花圃、公園綠地裡翻翻，近來也有人把養蚯蚓當作生財事業，可以到釣具店等處購買。製作蚯蚓堆肥要準備一個不鏽鋼蒸籠，或以保麗龍箱代替也可，蒸籠夾層間的孔洞可保持通風、排水、讓蚯蚓移動；不鏽鋼材質能隔絕光源又能避免蟑螂、螞蟻等天敵入侵，底部的盛盤可承裝堆肥產生的蚓糞液肥，層層堆疊方便新增、管理，也很耐用。

在每一個層中放入約莫三～五公分高的土壤，鋪上落葉、廚餘，放入約三百克紅蚯蚓（約三百隻，每天可消化約三百克廚餘），然後只要按時補充廚餘餵食蚯蚓就可以了。廚餘以未煮過的蔬果皮為佳，如果是煮過的食物，最好先過水去除油分、鹽分，盡量避免摻入肉類，否則很容易滋生蟲蠅與臭味；此外也要避免柑橘類，因為對蚯蚓來說刺激性強，會影響健康。

要取用土壤時有個小技巧，只要集中把廚餘放在其中一層，蚯蚓就會透過孔洞移動，集中在餵食層，這時就能拿其他蒸籠層取土；此外，蒸籠最底部的盛盤所收集的蚓糞液肥也可沃澆在作物上。

養殖過程還要注意養殖箱的濕度變化，太乾太濕都不行；也要小心螞蟻、蟑螂入侵。

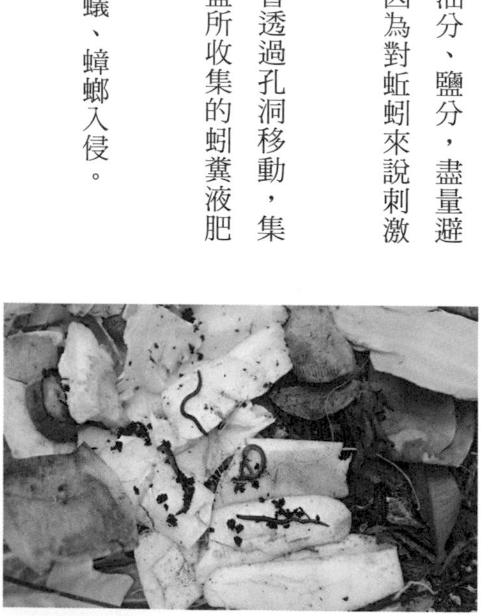

紅蚯蚓是分解廚餘的好幫手。

蒸籠養蚯蚓

不銹鋼蒸籠是製作蚯蚓公寓最便利的器材

亞曼小撇步

堆肥茶

因堆肥產生的堆肥液，是在發酵過程中流出來的液體，這些液體只要放在水桶裡，用幫浦打入空氣約二十四小時，也可加入一些糖當做養分，就能夠很有效的被植物吸收。

堆肥液裡的好菌生命非常的短暫，必須在四十八小時以內使用完畢，使用的時候記得在稀釋五百～一千倍做成堆肥茶（compost tea）使用，濃度才不會太高，而天氣太乾與下雨前都不適合施用；下完雨後是最適合使用的時機，將益生菌接菌於農場的植物與土地裡，可改善農地的菌相，自己做便宜又有效。

44 厚土種植：給植物吃的營養三明治

土地肥沃的關鍵在於養分，一般人會採用堆肥或直接買肥料回來使用，但樸門人有一套更有效利用廚餘、枯枝落葉堆肥的種植方法——「厚土種植」，又稱為「三明治種植法」，應用在鑰匙孔花園、螺旋花園，都能夠讓植物頭好壯壯！

首先用竹片、木板或是磚塊圍出一個區塊，接著在裡頭依序疊上①棕色物質（如枯枝、落葉或木屑）、②廚餘或動物糞便，③綠色物質如樹葉或青草，然後再一層④棕色物質、⑤土、⑥枯枝落葉或無油墨的紙板。利用層層堆疊的方式加速土壤化，廚餘也能分解成植物可以利用的養分，省去製作廚餘堆肥的大量時間，耕作也會更輕鬆。

這六層完成之後，就能夠開始施種，不過必須留意，植物的根只能停留在土層，不能接觸到廚餘層，否則會影響植物生長、植物根也會腐爛；另外，肉類、骨頭廚餘不適合加入其中，因為容易招引來蒼蠅、野狗。

厚土種植需要大量的堆積物，如木屑、稻穀（粗糠）、枯枝落葉、乾草、廚餘、新鮮的青草、樹葉、動物糞便等。這些堆積物各有作用：枯枝落葉可以保濕，以防土壤因裸露、沖刷而造成養分、水分流失蒸散；拔除的雜草覆蓋在土壤表面，可保護土壤減少蒸散，另一方面可成為養分，同時新生長出來的雜草嫩芽，還能引誘昆蟲啃食，讓蔬菜葉逃過一劫。充分鋪滿各種有機物的厚土，可維持一～兩年的肥力，雖然會隨著時間受到雨水沖刷、自然重力等影響，下陷二十～三十公分，只要保持鬆軟，可再重複鋪上一層層物質，再次建立土壤。

厚土種植

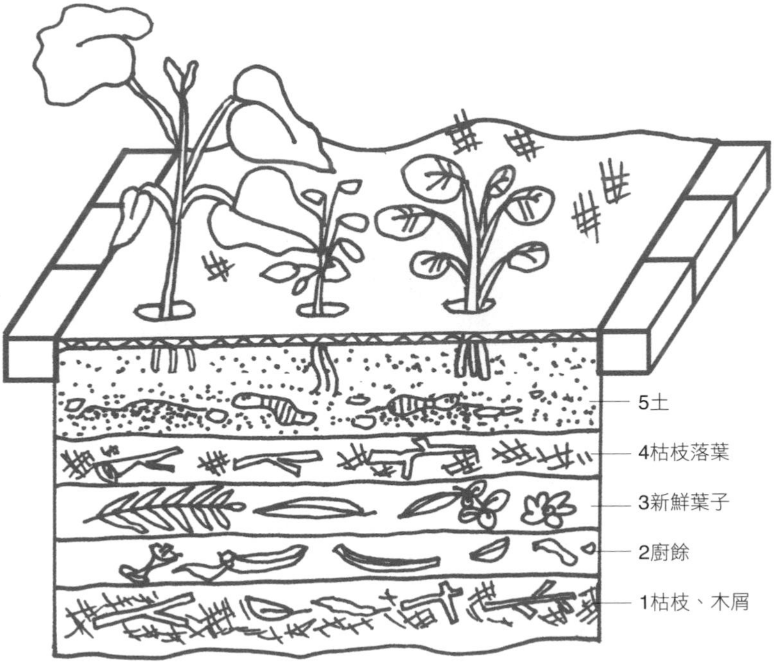
5土
4枯枝落葉
3新鮮葉子
2廚餘
1枯枝、木屑

亞曼小撇步

德式高架花床

德式高架花床（hugelkultur）是來自德國的一種特殊花床設計，在木頭分解的過程中，真菌類等微生物會釋放木頭養分與控制水分，最基本的內容物只有土壤與木頭，把木頭埋在土裡。近年，野蔓園開始混合德式高架花床跟厚土種植，在都市空間內，也很適合使用。

花床大小可依照空間，自由決定高度。製作的方法很容易：先在地面堆放約六十公分高的木頭（最好是有開始腐爛的木頭），周圍用石頭、木條、棧板作框，在木頭空隙間，加上草屑等含氮的綠色物質，然後覆蓋一層五公分的土，種植時，只要加上一點尿液，就能啟動分解反應！一開始可種植瓜類、藤類，也有人用花床種萵苣、做為馬鈴薯。它的好處是：

1. 供給植物養分：

   木頭提供碳、草屑提供氮，是植物長期養分的來源，一個大型的花床甚至可以供給二十年的養分，分解中的木頭也產生熱能，延長生長季節。

2. 增加土壤含氧量：

   當木頭和枝幹分解時，土壤中的含空氣量增加，不用特別翻土，就能提供細菌和菌絲繁衍所需的空氣，更加速分解。

3. 儲存水分：

   花床在一年以後就可以不用澆水，因為木頭和枝幹會如海綿般吸取雨水，並在乾季釋出，通常可維持一個種植季。

4. 長期改善土壤：

   日本人福岡正信觀察到，在花床旁的樹木長得較好，因為花床含有豐富的腐植質，創造豐富的微生物，能改善農場的土壤。

45 十八天堆肥法：大面積種植必勝

十八天堆肥顧名思義，十八天就能快速分解完成，這是應用好氧發酵，藉由好氧菌和勤勞的翻土讓分解加快速度，只是這項堆肥法需要較大的戶外空間，至少要有一立方公尺大才有效能，也需要花點體力才能完成。

我偶爾在野蔓園裡以十八天堆肥法來製作堆肥，加入一些棕色物質（含碳），如枯枝、枯葉、木屑、稻草，還有綠色物質（含氮），如剛掉落的樹葉、新鮮的蔬菜、果皮、野草，或者是生鮮廚餘都可以。最重要的需要加入一些糞便，不管是牛糞、馬糞或者其他動物糞便都可以，陽明山上有馬場，所以野蔓園都使用馬糞；最好還能有一些動物屍體或尿液（灑水也可以）。把這些材料盡量切細碎，層層堆疊，每一層大概在十五～二十公分厚度，依序的重複約三次，然後蓋上防水布靜置。

在三～四天左右，堆肥溫度會開始升高，要留意不能讓溫度超過七十度，以免將好菌、壞菌都殺死，約第四天起，隨著溫度上升可開始翻堆，重點是以發酵濕度決定翻堆時間，把內部已經熟成的堆肥翻出，外層還沒有變化的重新堆入中央，加速熟成，大約兩天進行一次，到第十八天就差不多熟成了。

要判斷堆肥是否已經製作成功？只要聞聞看味道就知道了，熟成的堆肥有一股土壤味，野蔓園裡頭有個用塑膠棧板圈圍起來的堆肥場，裡頭全部都是鄰居馬場的馬糞，每一次學生上課的時候我總是捧給他們聞聞看，熟成的堆肥不會有臭味，反而會散發出芳香的土壤味道。

十八天堆肥需要較大的戶外空間，藉由好氧發酵，與勤勞的翻土可加速堆肥生成。

棕色物質、綠色物質、廚餘或糞便、土堆交錯堆置，再覆蓋一層防水布靜置發酵，可製成堆肥。

亞曼小撇步

碳氮比

製作堆肥要注意碳氮比（棕色物質產生碳、綠色物質產生氮），以二五～三〇比一的比例是最好的。不只堆肥，所有的物質都有碳氮比，例如木屑是三二五比一，枯葉是六〇比一，草木灰是二五比一，綠色的野草是二〇比一，咖啡渣是二〇比一，馬糞是一八比一，魚是七比一，尿液則是一比一。各物質的碳氮比可上網查詢。

堆肥碳氮比的計算方式，我們以木屑、草木灰、青草、咖啡渣各一桶製作堆肥為例，碳氮比的計算是【三二五＋二五＋二〇＋二〇】／【一＋一＋一＋一】＝九七．五，會製作出碳氮比為九七．五比一的肥料，這不符合二五～三〇比一的目標，因此需調整放入的資源比例，例如減少木屑或者是增加青草、馬糞等，就可達到平衡比例。

常用堆肥碳氮比

堆肥的物料	碳氮比	堆肥的物料	碳氮比
木糠	四〇〇~五〇〇：一	果皮及果心	三〇：一
紙碎	一五〇：一	紅蘿蔔	二七：一
報紙	一五〇：一	野草	二五：一
紙張	一五〇：一	草木灰	二三：一
樹皮	一二五：一	咖啡渣	二〇：一
稻草	一〇〇：一	草碎	二〇：一
枯草	八〇：一	海藻	一九：一
松針	六六：一	白飯	一五：一
粟米穗軸	六〇：一	洋蔥和辣椒	一五：一
乾樹葉	六〇：一	菜莢	一二：一
新鮮樹葉	四五：一	蕃茄	一二：一
豆莢	三〇：一	豆渣	五：一

46 香蕉圈：保水淨水魔術師

在樸門的設計中，每一項設計都有多種功能，其中「香蕉圈」（Banana Circle）這個經典設計無論在保土、保水與產出等面向都是很好的選項，也一直受樸門人的喜愛，更是樸門一、二區常見的植物。

除了香蕉成長快、多產、好照顧、生物質量大（Biomass）、無病蟲害，高度也容易採收外，本身是很好的保水植物，樹體本身的含水量高達百分之八十五以上，偌大的樹葉能夠捕捉、引導雨水順流滲下，收集在根部四周，同時，根系還具備淨化水質的功能。

香蕉圈非常容易製作，造型、大小沒有一定的規則，圓形、S形、多邊型都可以，主要以功能與地形考量，若要搭配廚餘堆肥，則可以考慮種成C形，通常設置在接近主屋的一、二區位置，減少每日往返處理廚餘的距離。

具有堆肥功能的香蕉圈製作並不複雜，找到直徑約兩公尺的土地，中間挖出直徑一百公分的圓、四十～六十公分深的小淺坑，挖出來的土堆疊在淺坑兩旁圍成一個馬蹄型，大概有五十公分寬即可。

淺坑除了可以蓄水，也是做堆肥坑用的，在最底層鋪上一些枯枝落葉方便排水，然後再加入挖坑過程中所摘除的雜草、葉子，然後就能夠倒入廚餘與果皮殘渣了。每加進新的廚餘之後，只要在上面蓋上一層乾草或木屑，土中的微生物就會分解廚餘變成堆肥。香蕉圈堆肥還是盡量避免倒入太多的肉類與豆類，以免厭氧產生臭味。

接著可以在淺坑周圍的土坡上種植香蕉樹，抓好適當間隔，大約可種三～四棵樹，除香蕉外也能跟芭蕉混種，提供多品系的植物。如此除了能避免蟲害之外還能延長收穫期，樹與樹中間的土地也不要浪費，可以種些可固氮的豆科植物或者地瓜、樹薯、芋頭、香蘭，較為潮濕的地方可種上薄荷或者蕨類植物，這樣一來就能在一個小小的香蕉圈裡頭有多樣性的產出。

種自己的發電廠

無論是在都市還是農村，取得安全、乾淨、有效益的能源都是最大的課題。現代人過度依賴的煤碳和石油，從生產到使用過程都對環境污染嚴重；至於核能的使用爭議更大，核能設備和核廢的處理仍舊無解，更何況安全風險和成本難以估算。

日本三一一地震之後，福島核電廠輻射外洩事故影響至今，原本被視為日本農漁產最豐美的福島，以及鄰近縣市，不但農產品價值暴跌，還被各國列為禁止輸入地區，損失無法估計。和核三廠為鄰的屏東縣自然也有強烈的危機感，對於永續能源的思考和投入也特別積極。

八八風災後，屏東在林邊鄉無法耕作或養殖的土地種起了一株株的太陽能板，這是「養水種電」，除此之外也嘗試推動生質能源；另外，屏東香蕉研究所和逢甲大學研究出「香蕉發電」，也正要進行實作試驗。香蕉樹不但有淨化水質的功能，會結果，還會貯水，只要將莖部榨汁，過濾分離之後，產生的水可以發電，榨汁後的香蕉纖維可以用來製作衣料、紙張，以及添加在飼料中；發電產生的副產品——電解水，是可以飲用的淨水，邊界效益十分可觀。試驗後如果成效良好，未來農民種可以一方面收成香蕉，一方面收取香蕉枝幹取水，雙重收益，一舉兩得。

野蔓園的香蕉圈結合數個蔓陀羅花園設計

6

chapter 6

創造效益的經濟作物區

Zone3

樸門三區是種植畜養具經濟交換價值的動植物。在農場，意味著你有著比較大的空間可以經營；在城市，就是你工作上班的場域。善用樸門設計，可以讓你可以達成輕鬆照顧動植物，又能創造經濟產出的雙重目標。

量化栽培的設計：水、氣候、生態多樣性

近年來不少台北人艷羨宜蘭、花東的好山好水，想要親近田園而紛紛搶進買地，只是買下農地之後卻還是用都市的那套大興土木的方式，試圖把都市景觀複製在田園中，對自然水土造成非常大的破壞。如果依照學習樸門的原則做規劃，不但能打造一個輕鬆就能照顧的自然農園，擁抱綠樹蔬果，而且還能有相當的收穫創造經濟利益。

在這麼大的空間，若要導入更多元素來變換運用，設計時就要考慮到量體變大等各種變化，此時，你會更需要藉由大尺度的設計和規劃，創造省力就能生產的環境！

樸門的三區是經濟作物區，有了足以照顧自己以外的空間土地，在規劃一、二區後，就善用其他空間來做可以照顧更多人的產出吧！在這裡可以規劃種植出售或是自用的主要

若三區空間足夠，也可放養動物。

作物，像是主食稻米、雜糧作物、小玉地瓜，或是果樹，也可以養殖動物，如豬、牛、羊大型動物放牧區。若你在市區有著一片花園空間，可以產出節令水果，自製手工果醬上網販賣或寄售，那麼這片小小的生產基地，也是不折不扣的三區呢！

47 集水渠vs.等高線：留住雨水，處處都是小水庫

在廣闊的農場裡，要讓所有的種植都能得到適當的水源，是確保農場種植可以生產的第一步。小範圍的土地可以仰賴你直接給水，或回收中水、運用小型蓄水設施的設計照顧，但是面對可能土地面積達到半分（約一百五十坪）或更大的農場，這樣的設計有時會緩不濟急，輸送水分也太耗費人力或能源，尤其要花大錢蓋自動集水系統，再者，農場種植也要避免使用自來水或抽取地下水。

樸門有所謂「慢水」的概念，因大地與植物是最好的集水容器，對於大面積的土地，必須善用地形留住雨水。第四章提過如何設計生態池，若想要盡量地留住地表的逕流水，還可以沿著等高線開挖集水渠，如同階梯式設計就能留住降水，能減少蒸發，讓水有時間可以滲入地下，改善含水不足的土壤，植物就不需要大量的澆灌，野蔓園的水梯田就是採行這個原理。

挖集水渠要先測量土地的等高線，高低落差需掌控在每一百公尺距離不超過十公分，才能讓水緩慢的流動，水渠深度從五十公分到一公尺都可以，挖渠產生的土堆疊在水道的低處，當做護岸使用，並且最好在護岸栽種地被植物或喬木，若再沿著水道栽種香蕉、

利用簡易的A字架就能測量等高線。

樹薯，還可增強土地的保水能力。

然而，如何測繪土地上的等高線呢？除了聘請專業的土地測量師，你也可以嘗試用「A字架」測量。

A字架就像一個大型的圓規，你需要準備竹竿（或木棍）三支、用於綑綁的鐵絲一卷、一條細繩與任何能用細繩綁住的重物。將三根竹子用鐵絲固定成A型，頂端交叉點繫繩，繩子另一端綁住重物，別忘了繩子要夠長，讓繩子垂下能和橫綁的竹子交叉即可。測量時，以A字架的一支腳為中心支點（甲），另一支腳在甲的四周搜尋到能夠讓垂繩和橫綁竹子剛好交叉成九十度垂直的點（乙），甲乙就是兩個等高點，連結起來成一段等高線。你可以再以乙為中心支點，尋找下一個等高點，逐次找出土地上相同等高的位置，串連成完整的等高線。

這樣的測量速度較慢，如果土地超過一公頃，而且坡度落差相當的大，也可以藉由google earth專業版完成，下載軟體、填入基本資料註冊後就能免費使用：在地圖上找出自己的土地，然後移動滑鼠游標，再配合標記線條功能即可顯示等高線地圖，雖然精確度比不上實地勘查，但已能用在初步的規劃上。

許多人以為在平地上就不會有等高線，其實仔細觀察仍會找到高低差，我們就在客家社區大學提供的公園草地上，找出二十~三十公分的落差，並完成集水渠與生態池，一場雨後就由集水渠將水引入生態池，數小時後水池就滿水了。

A字架使用方法

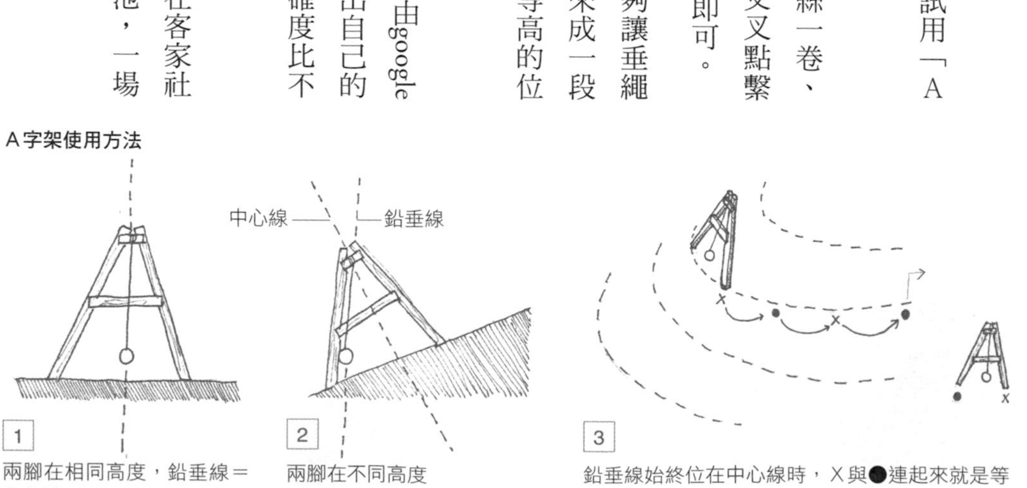

兩腳在相同高度，鉛垂線＝中心線

兩腳在不同高度

鉛垂線始終位在中心線時，X與●連起來就是等高線

運用google earth也能找出等高線。

亞曼小撇步

等高線關鍵點

可以在等高線的關鍵點（key point）下側設置集水生態池，若整片土地起伏較大，也可以多選幾處關鍵點做儲水塘。樸門原則「小而分散」會以數個小型水池取代一個大型水壩。至於如何判斷等高線關鍵點？大多位在水流切割地形，例如等高線轉折曲線較大、或者比較密集的地方，在這裡設集水渠不但方便收集水，也可保護水土穩定。

48 擬定種植計畫：確保每階段的收成

在第二章就說明過，面對一塊土地，在設計之前應該先明確自己的目標。有很多人找我來設計規劃土地，我都會問他們：「希望多久可以達到目標？」多數人都希望二～三年可看到成果，但是要面對一塊土地，得把眼光放遠到十年、二十年甚至於一百年以上。

只是，剛種的小苗無法短時間就變成參天大樹，如何才能年年有收成、處處有收穫呢？

如果是以自給自足為目標，那麼就以食物森林的概念來設計吧！先把第一、二區土地整理、照顧好，然後規劃種植不用太多照顧的多年生粗放型植物，如枸杞、樹薯、芋頭、川七、地瓜、紅鳳菜、空心菜、鹿角萵苣等，並且大量種下豆科（樹豆）、三葉草、苜蓿、菜豆、紫草科（康復利）之類的護土與增進土壤肥度的植物，同時搭配一～兩年就能結果的果樹苗：柑橘類如金桔、檸檬等或香椿、破布子、木瓜、香蕉、桑椹、茶等；三～五年才能有經濟效益的果樹森林：桃、梅、李、咖啡或柳丁、橘子、文旦等柑橘類；以及一些支持性的本地植物：決明子、百合、過山香、山茼蒿、龍葵等，菊科作物如金盞花、萬壽菊等，如此一來，在慢慢的等待它們長大的同時，能持續獲得產出。

空間裡的零星土地也不要荒廢著，可以種些快速生長香草植物如茴香、韭菜、九層塔、蔥、馬鞭草、鼠尾草等，搭配破土植物（深根植物）如共匪草（長梗滿天星）、康復利、牛蒡、山藥、蘿蔔，這些植物能把土壤較深層、一般淺層植物吸收不到的養分與水分藉由蒸散作用給帶上來，滋養附近作物，因此這類植物越多，整個土壤的狀況也會越好，對於水分的利用也越充分。

若是以收益、營利為目標，就是三區的設計考量，要把作物分為短、中、長期來搭配種植。一年可採收為短期，可以種木瓜、香蕉、桑椹等；中長期則可以種植柑橘類、芭樂、桃、李等中小型果樹，或者麵包樹、波羅蜜等大型果樹，還有香椿、破布子等原生樹種；除果樹外，堅果類、木材及藥用樹種也可以考慮，重點是一樣要大量搭配豆科，面積大可以種籽球（詳見第七章）的方式處理。

但是，可別只種滿能產生經濟收益的植物，在設計時也要種上一些生長緩慢的陰性樹種如牛樟、山毛櫸、檜木、柏樹、肖楠、銀杏等，以及生長快速的陽性樹種如構樹、血桐、苦楝樹、榕、楠，讓你的農場擁有更豐富的生態多樣性。有些樹種雖然我們一輩子來不及看到它們成為巨木，但是要替後代子孫來著想，「我們該留什麼給下一代？」印第安文化裡有「七個世代」的思維，任何關於社群、部落的決定都以考慮七代以後的思維做決策！樸門永續的思維也以此為基礎，唯有改變人與土地關係（謙卑、感恩），

野蔓園「吃自己種的米」計畫，除了收穫稻米做為農場收益，還鼓勵民眾一起插秧收割，延續農業文化。

土地的回饋是千百倍的。

在野蔓園，三區是穿過了較常照顧的菜園，沿著山坡往上，看到的山邊果樹，以及一畦畦梯田，這是我推動「吃自己種的米」計畫的地方。「吃自己種的米」在種植前由穀東認股加入，收成後依照約定的條件取得有善環境生產的米，而多餘的部分則成為野蔓園農忙的回饋；這個計畫不只在於讓野蔓園也能有經濟產出，保留了多樣台灣水梯田文化，更是這片土地無形的珍貴資產。

亞曼小撇步

解讀自然密碼取代機器

一般農友可能都會採用鐵牛來破土翻田，雖然方便，然而鐵牛翻土方容易使土裡的動植物遭受衝擊，土壤底層原有的許多厭氧菌、以及穩定的微生物體系平衡可能因此被破壞，造成土壤生態改變，因此樸門不太建議用機器翻土，而是了解動植物自然特性，例如養雞幫忙翻土，以及種植深根、破土植物等，互相搭配，創造更大的生產力。

陽明山的半嶺梯田保留台灣有機稻糧(美國軍事情報官何普拍攝)。

49 微氣候：用石頭就能創造暖冬

位於薩爾茲堡南方一百公里處的隆高（Lungau）有歐洲西伯利亞之稱，是奧地利最寒冷的地區，冬天總是下著雪，農夫賽普．霍爾澤（Sepp Holzer）卻在寒冷的環境裡，經營著佔地四十五公頃的克拉米特霍夫農場；在海拔一千五百公尺的山頭上、近溫帶森林線處，很難想像竟也有數百種果樹包括櫻桃、檸檬等，能隨著四季的時序收成。

賽普是怎麼做到的？他將白天能吸收熱量的石頭，圍繞在作物四周，晚上慢慢釋放熱能，讓植物在擁有較長時間的溫熱環境下成長，如此可以收穫南瓜、葡萄等地中海植物。這就是應用大地元素來改變微氣候的例子，越大的石頭能夠收集儲存越多的熱量，即使在寒冷的地方，不是這個區帶的植物也有機會生長收成，還能運用來讓池塘不結冰，以養出鯉魚、鱒魚；同時乾旱的土地上，石頭底部能夠蘊藏水分、濕氣，就能提供給需要潮濕環境的微生物、菇類與植物生長。

在野蔓園裡也有運用石頭改變微氣候的案例：農場裡有棵結實累累的釋迦樹，來訪者看了都驚訝不已，其實它是靠著根部外一疊石頭保溫，讓原本生長在炎熱南台灣的它，能度過陽明山上每一個惡寒冬夜。此外，石頭本身分解時會釋放礦物質與微量元素，對於優良的土壤也是不可或缺的要素。

除了石頭外，建築也能大幅改變微氣候，房子的向陽處以及陰暗處都能夠營造不同的微氣候；另外，風會攪動空氣、也會影響植栽的生長，若有強勁的風吹向基地，就得考慮防風林栽種，一方面擋風，也能夠引導風的流動，若是有計畫的將栽植規劃形成一條隧

石頭是野蔓園裡常見用來改變氣候的元素。

水邊、樹下都有不同的微氣候條件。

道，還能在風口處設置一個小型的風力發電。

樸門人看待事情總是能夠找到它的優點，一般農人討厭的石頭，能夠提昇氣溫；風頭水尾的地方，反而是可以風力發電的環境。只要善用，這些大地資源都能夠成為幫助我們耕作的元素，這也是樸門人跟其他人最大的不同之處。

亞曼小撇步

防風林的栽種方法

適合當防風林的樹種有很多，最熟為人知的就是木麻黃，我們常常看見海邊的防風林是一排木麻黃站在光禿禿的土地上，然而樸門設計下的防風林，不是讓這些樹沿著與風向垂直的方位排列就好，木麻黃老化的相當快速，樹齡約二、三十年；在栽種時必須先把這點考慮進去，盡量栽種一些多樣性的植物來達成防風效果。

防風林的栽種一樣得分成低、中、高三層，迎風前緣要有低矮的灌木叢，例如香茅、牧草；接著種植約二~五公尺高的咖啡、竹林（桂竹、綠竹），然後再一排超過五~十公尺的破布子、相思樹、樟樹當做主要樹種。整個防風林要像土堆一樣，從低矮植物到高聳的喬木，再逐步種回低矮植物，這樣一來不只能夠引導風的流動，也是很好的隔離帶，能夠讓植物之間互相保護，避免直接受到強風的吹襲。所以在野蔓園裡，水稻田分A、B兩區，中間就是防風林，也是隔離帶，更是生物棲地。

野蔓園的竹林有竹筍收穫，也能當防風林建村、柴薪。

50 多樣性種植：讓生態恢復正常

你知道怎麼種才能結出又大又甜的蘋果嗎？幾年前有一本轟動日本書—《這一生，至少當一次傻瓜》，這本書說著青森縣蘋果農夫木村秋則的故事；他所使用的自然農法，就是符合樸門精神的作法。

長年以來青森縣的蘋果農幾乎都使用大量的農藥、有機肥來栽種，但是木村阿公看到福岡正信《一跟稻草的革命》這本書後，捨棄慣行農法，不施肥、不用藥，等待土壤恢復生機，這一等卻等了八年，蘋果樹才再度開花結果。

故事感人，也見識到日本人的堅持精神，我喜歡他與植物的對話「拜託蘋果樹活下去」，他謙虛地說是蘋果比他努力，希望蘋果活下去是「利他」的觀念，希望蘋果開花是「利己」，蘋果就在人的觀念由「利己」轉向「利他」時感受到了，也開花了。人生有幾個八年來證明自己的耕作方式是正確呢？

無獨有偶的，在加拿大也有一個種植蘋果的樸門農夫Stefan Sobkowiak，他準確的利用了所學到的一切知識，有系統、有計畫的規劃農園，盡量的提升生態多樣性。

他的果園不只有蘋果，還有西洋梨、桃子、李子、櫻桃等近十種的果樹，而且光是蘋果的品種就多達一百多種，果樹混雜的做法有效的抑止病蟲害的發生。同時，他在樹下種植黃豆、豌豆、蠶豆等豆科植物，因此，在果樹沒有辦法結果時，農場還有許多其他作物能夠收成。

單一種植容易有病蟲害，環境生態也會不平衡。

Stefan的農場不灑農藥也不施肥，於是田裡面有許多蟲，鳥也飛來了，慢慢的蛇出現了，青蛙也有了，整個農莊就是一個完整的生態系；他說曾在樹下只花上十分鐘的時間，就找到了三十六個品種的昆蟲！「還記得樸門的精神之一『公平分享資源』嗎？」他說，別介意那些昆蟲或是鳥吃掉你的果實，牠們都是莊園裡的員工，辛勤地為你工作，何不給他一些美食回饋呢？

不管是日本還是加拿大，這兩位果農都用自己的經驗證實了「種植多樣化」、「讓生態回復正常」這兩件事，只要這些果樹們生長在一個天然的環境，自然就會有豐碩的果實報答你。

每當我看到大面積單一種植的果園，總是很擔心這樣的種植需要耗費的人力、環境成本，如果要持續輸入人力、時間、照顧才能獲得一定的產出，這個生產系統一定無法持續，其實我們只要相信植物本身的生命力，不要給予太多外來的人為干擾，自然就會開心的成長，並且會好好地報答你，這也就是蘋果爺爺說的「是蘋果自己的努力」。

樸門小辭典

病蟲害的抑制原理

一隻蟲或許能夠傷害一棵蘋果樹，但在多樣性種植的森林裡，牠不容易很快的接觸到下一棵蘋果、甚至同一品種的蘋果，對牠們而言環境不斷變化，可能會遇到牠討厭的植物或天敵，就不容易大量繁殖擴散下去，如此就能控制蟲類的數量。

一般人習慣除草，但野草不是敵人，是植物的朋友；同樣蟲害也不是植物的敵人，反而是幫助植物適應、提升自己競爭能力的幫手，越是自然種出的植物越有生命力，人吃了才會健康。

多樣性種植能創造生物多樣性，獲得豐收。

動植物分工同樂

動物系統是樸門原則「單一元素多功能」的最佳體現，不但可以有肉、奶、蛋這些食物產出，連糞便發酵產生的沼氣也能當做能源拿來發電、當燃料，或是當肥料、製作糞便堆肥。不僅如此，動物們還是很好的農場幫手，能幫忙吃蟲或雜草，減少病蟲害，飼養的時候還能有陪伴感。

只不過即使飼養動物，樸門人還是有些堅持的原則，我們希望以人道飼養為基本標準，空間規劃時要考慮牲口家禽的大小、活動的需求，不應讓動物生活在不友善的環境而產生焦慮感。重要是，自養動物本來就是想要避免攝取商業養殖加在動物身上不好的元素，若因環境不良而讓動物染上傳染病，還得吃藥，那就失去了追求無毒友善的本意了。

養殖母雞可以產出雞蛋，也是很好的翻土、吃蟲、教育幫手。

51 雞、鴨、鵝等家禽：吃蟲翻土好幫手

原本樸門設計一區內就可以養些家禽與小型動物，但在都市裡，我們把它移到三區的室外空地，給動物們開闊、安全的空間，也不會妨礙鄰居。因為這區規劃有生態池，因此可以養雞、鴨與鵝，也讓動物們有戲水空間。若是空間狹小，則可考慮養鵪鶉，鵪鶉很適合都市環境，不吵不鬧影響別人，也有產出，四顆鵪鶉蛋的蛋白質相當於一顆雞蛋。

養雞、鴨、鵝與種植之間最有名的設計案例應該就是「鴨間稻」了。鴨在水田裡遊玩，把水踢渾濁晒不到太陽，雜草便難生長；鴨子餓了還會吃害蟲與惱人的福壽螺；吃喝拉撒都在田裡，同時也讓稻子獲得肥料。如此有鴨子代勞許多田間工作，就無須施農藥、化學肥料，最後獲得健康的稻子，是動植物與人類互相幫忙的典範。野蔓園嘗試過養鱉，以生態解決福壽螺，效果很好。

家禽們幫忙許多農務，身為主人也該負責牠們的安全。雞、鴨、鵝沒有任何自衛能力，晚上要確保雞、鴨、鵝回到房舍，免得受到野狗或其他天敵的攻擊。野蔓園曾因此損失過不少雞、鴨，這點特別提醒農場主人需多用點心思防範。

52 牛、羊、豬等家畜：多樣性產出的夥伴

體積較為矮小的雞、鴨、鵝等家禽適合飼養在三區，至於像羊、豬等家畜，則因體型較大，考量空間範圍，也適合飼養在人為與自然交界，飼主又能掌握的四區裡。

鴨間稻是人與動物合作的經典案例。

和養家禽的目的類似，牛、羊奶是極佳的蛋白質來源，若是為了吃肉便得屠宰牲口，涉及私宰的法律問題，而且也不是一般人能處理的，最好三思；如果為的是新鮮的牛奶，則適合就近飼養，要養在二區。養羊還有羊毛這項特別的產出，羊毛剃下後得先處理過才能使用，作為羊毛氈的用途廣泛，例如帽子、披肩、手機套、錢包等。

至於動物糞便則可以看待為肥料來源，或者是沼氣燃料。製造沼氣需要的糞便量非常大，不是少數飼養可以達成的。比較可行的是將牛、羊糞便經堆肥後都能做為肥料（詳見第六章），牛糞還可用於自然建築塗料，可防霉除蟲、燃料，燃燒後的煙可淨化空間，在許多古老民族都將牛糞廣泛運用。

不少人會盤算養牛、羊來幫忙吃雜草，我要說，養牛的效用恐怕沒有一般人想得那麼好，牛需要的草量遠大於地上的雜草，而且挑食得很，必須另外準備牧草餵食。一位移民紐西蘭朋友告訴我說，當地常是牛、羊混養，因為牛很挑食，不吃牛糞附近的草，往往農場就會被留下一堆堆草，這時有羊就能幫忙吃乾淨；相對於牛，羊不挑食，而且什麼都吃，所以要綁在一個區域，讓牠吃完再移到他區，以免放任遊走，把植物的嫩芽嫩葉也都吃了。

小型家禽需要主人的保護，大型家畜在餵食之外，提供牛舍、羊舍等庇護所也是基本的照顧，務必讓牛、羊按時回家休息，減少受到野狗攻擊的可能。

家畜除了提供人類蛋白質的來源，其糞便更是植物營養滿點的養分。

53 養蜂：復育生態指標

二〇〇六年起，各地都發生蜜蜂不明原因大量死亡，這個現象引起不少人注意，寫成許多文章，也在網路上被轉載。由於地球上有三分之一的作物仰賴蜜蜂授粉，蜜蜂減少可能使全球糧食短缺，嚴重性不言可喻。

早期農家會以苜蓿與三葉草做為覆蓋植物，可以固氮使土壤肥沃，嘉惠主要作物生長，而這些植物的花粉，正是蜜蜂喜歡的營養來源；然而隨著農耕使用除草劑之後，這些覆蓋植物被視為耕作的妨礙而被去除，造成蜜蜂沒得覓食，不再上門；而土地裸露也缺乏涵養肥沃的機會，造成施加化學肥料的惡性循環。

現在農場種植走向單一化，生態系失衡之下許多菜蟲沒有天敵，想賣相好、產量大，就得使用各種農藥；縱使有些農藥宣稱不會殺死蜜蜂，藥性卻會影響蜂蛹的成長，小蜜蜂長大後，容易迷失方向回不了家。

不只如此，因為買賣蜜蜂也被商品化，人類為了豢養管理方便而被消除原本蜜蜂身上有的寄生蟲蜂蟎，如此一來破壞免疫系統，蜂群被弱化；再加上蜜蜂養殖品種單一，讓族群多樣的穩定平衡不再，都成為蜜蜂大量消失的幫兇。

《沒有果實的秋天》一書中提到，美國養蜂業者自豪「我們培育出會坐車的蜜蜂」。每年入冬前，養蜂人會將蜜蜂送上車，由北方送往南方繼續工作，一趟車程十幾小時以上，數萬隻蜜蜂擠在狹小的蜂箱中，都讓族群更加虛弱。

都市養蜂也是成是生態是否健全的指標。

不只在農場，我們可以試著在都市養蜂，近年來幾個世界大城市巴黎、紐約、東京都有人響應養蜂活動，在屋頂放置蜂箱，也成功收穫。城市裡養蜂案例最著名的應該是巴黎歌劇院，其屋頂收成的蜂蜜，早已是炙手可熱的伴手禮。但是要提醒大家，雖然蜂蜜是甜美的收穫，但寧可把它看作是復育生態的副產品，不是為了掠奪而大費周章的飼養。

若城市裡的可食地景、食物森林能更普遍，讓蜂群更容易找到蜜源，都有助於蜂群生態的回復和穩定。東京銀座的Bee Garden計畫，連銀座區公所都一起響應，不再對行道樹噴灑農藥，這樣的轉變不止對蜜蜂好，對人的健康也好。台北的W Hotel加入心路社會福利基金會發起的「城市養蜂計畫」，也在三十二樓樓頂養二十五萬隻蜂，成為台灣首處大樓養蜂據點；不但益於環境與植物的永續發展，飯店還能夠利用「在地生產、在地消費」蜂蜜，成為一大特色。

都市養蜂形成熱潮，不僅可幫都市的花卉受粉，同時也有蜂蜜產出。

7

chapter 7

野放大自然，從最少干擾到零干擾 Zone4、5

第四區是在原生植物之外，適度種植加速林相演替，不需要特別照顧的同時，也能帶來一些產出；第五區則是回到放手讓大自然設計。在生態上維持原始林野，沒有必要，甚至人們就不要來干擾自然的運行。

交由大地作主

比爾・墨立森說：「樸門是一種與自然合作，而非對抗自然的哲學；是長期而細心的觀察，而非長期粗心的勞動；是看顧著植物和動物各司其職，而非把土地視為單一產物的系統。」

看似簡單的話，在人性實踐上卻產生衝突；要做到不浪費土地空間，但是「留白」更重要，不要將自己與生活填滿，給其他生物留點空間吧！人的活動與需求幾乎在〇至三區都能得到滿足了，然而樸門核心在照顧人類之外，照顧地球與分享多餘是一樣重要的，雖然前面四個區都已盡可能的運用自然模式，但大自然存在著更多人力所不及的運行奧妙，而四、五區，就交給大地做主，自己管理了！

我們要珍惜森林珍貴的自然資源。

在四區，我們仍舊希望在這裡能有一些產出，因此會在原生植物之間，種植一些不需要特別照顧也會有產出的植物，例如喬木類、金剛櫟，或者是藉由疏林的方式，做永續森林的經營，慢慢調整林相狀況，讓原本的土地漸漸符合我們需要，但不至有太大的影響。野蔓園也有這樣的一片空間，只有非常偶爾的在產季來挖挖蕈菇、採採果實，或種植一些野生苗木如桐樹，需要燃料時來撿拾柴薪。

樸門人來到四區不需要勞心勞力，在自然環境裡想要沉思、淨空都毫無罣礙。或許大多數的人都沒辦法擁有一塊廣大的土地規劃四區，但是別忘了，近者可以走訪郊山步道、可以散步都會間的森林公園，或者郊外的生態農場與林場，對於這些珍貴的自然空間，別忘了讓他們繼續屬於大自然，不要施加太多的水泥建築、水土破壞和人工墾殖。即便如此，當你有一片四區這樣的空間時，在保留原生植物外，還是可以運用樸門的設計原則，讓這裡的生態更豐富，物種更多樣。

54 種籽球：在土團裡靜待生命啟動

種籽球是一個經常被樸門人提到的種籽保存技巧，是由提倡自然農法的福岡正信所發明的。福岡發現，遺落在田埂上的稻子，隔年一樣能夠發芽；既然種籽直接撥種在土地上，容易被鳥類啄食，不如把種籽包裹在泥土裡面放著，只要遇到適當的時機、處在對的環境，種籽就能發芽了。

種籽背負著植物傳宗接代的任務。

保存種籽最大的難題就是潮濕，除了使用防潮箱外，種籽球是一個更天然的方式，只要乾燥妥當，種籽球可以數年不發芽，但一碰到水又會迅速的成長。而種籽球不只有保存種籽的意義，二〇一二年，我受邀花蓮大農大富園區，規劃台灣第一個平地食物森林，教導學員做種籽球散撒在食物森林預定地上；在貧瘠的土地上撒上種籽球，等待氣候合適，種子發芽還能復育土壤。

家中也可以簡易製作種籽球，不用擔心被螞蟻、昆蟲搬走，也不用費心維持乾燥，裝在玻璃瓶中，既美觀又有趣，更可以開發成商品或做為給朋友的禮物，是利用相當廣泛的一種設計。只要收集到種籽就可以開始製作：

1. 先準備好種籽：種籽顆粒盡量別太大，否則很難包裹，也容易裂開。以豆科植物、紫草科（明日葉、康復力）為主，也可以加入蔬菜類、香草類、瓜豆類、菊科等的種籽，如果能有原生植物的種籽會更好，也可加入一些苦楝樹可防止害蟲。
2. 揉土定型：準備粘土、有機培養土（提供種籽營養）以及水，土壤的比例以粘土：砂土約二：一最適當，用竹籮筐把粘土、砂土、種籽都放進入搖一搖。也可以先用培養土、堆肥、種籽加水捏成土團（餡）後，在外層用粘土與砂土包起來，像做芝麻湯圓，讓種籽有更充足的養分可以長大；然後依照種籽大小捏成約一．五～四公分直徑大小的圓球即可，也可以加入一些抗蟲的植物粉末與種籽如苦楝、水黃皮。
3. 充分曬乾：捏好種籽球土團後，盡量在十二小時內利用太陽將土壤曬乾，如果時間拖太長種籽可能會發芽。曬乾後的種籽球好好保存，就能在需要時播撒使用。

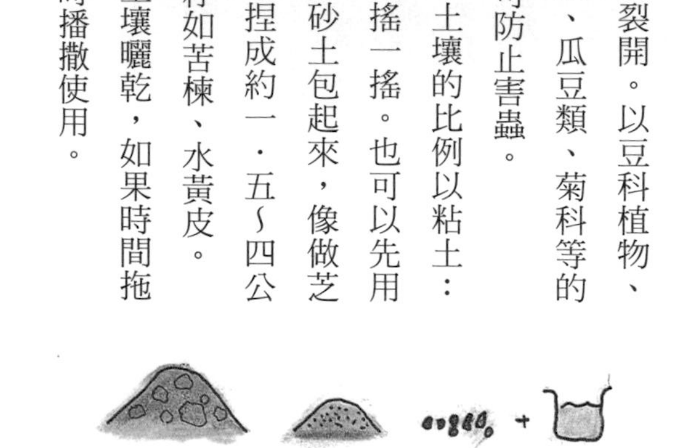

混合比例，黏土：砂土 2：1

種子球的做法

以上材料放入篩子搖一搖

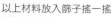

種籽球的社運行動

種籽球結合象徵永續的種籽與泥土，意外被國外環保團體使用在抗議活動現場；和丟雞蛋相比，丟種籽球抗議更能表達環保的訴求。多年前，天母地方居民反對天母運動場的興建，社運人士方儉就來曾索取種籽球帶到現場抗議，這是最有環保概念的抗議方式。

未必要用在抗議場合，種籽球也可以成為像都市游擊隊一樣的綠化行動推手，只要把種籽球隨手丟在城市任何閒置的土地，都有可能發芽，如此可以把人、土地、城市三者串聯起來，產生共同的連結。

樸門小辭典

福岡正信

人稱「自然農法」之父的福岡正信，一九一三年出生於日本四國的愛媛縣，畢業後從事病理研究工作。二十四歲因肺炎住院期間領悟到「無」的哲學，隔年回鄉當農民種植柑橘與稻米，實踐自己不耕地、無農藥、無化肥、不除草的理論。

不難想見這般離經叛道的農業哲學會遇見多少困難，但是福岡一路堅持自然農法的道路，認為這是對土地與人類生存最尊重的方式。一九八八年獲得有亞洲諾貝爾獎之稱的麥格賽賽獎，表彰他對農業的貢獻與付出。其著作《一根稻草的革命》被翻譯成多國語言發行，一直是鑽研無毒農業者所必讀。

55 林相演替：千百年的森林接力

有沒有思考過，荒蕪一片的土地是怎麼變成茂密森林的呢？是一開始就從土裡冒出樟樹、楠木、檜木苗的嗎？森林的形成通常是經過好幾代的繁衍。中間經歷了許多物種的演替而來的。

一開始大多是先驅植物（又稱陽性植物）先抵達，像是靠著風吹送的蒲公英、禾本科植物等，靠著少許的養分、大量的陽光就能夠滋長繁衍，當草慢慢地長起來，留住更多物質如沙塵、種籽、水分，地表不再是光禿禿一片，土壤就漸漸地肥沃起來。然後昆蟲來了，鳥也來了，鳥類會帶來更多樣性的種籽與養分，於是開始有樹木長出來。但這階段可能只有陽性植物的種籽能夠發芽、且快速成長，例如白槿、血桐、構樹、野桐、白匏子、山黃麻、相思樹（梓楠科）、苦楝等，生命周期到一百年。

接著，在這些灌木、喬木樹下陰暗處，開始滋養許多需要水分的低矮植物。此時陽性植物仍然互相競爭著往天空竄去，慢慢地整片土地都是茂密的森林；但有競爭必有失敗者，有些樹木會倒下，突然讓出空間給予地面植物陽光的照射。

接下來陰性植物就會接續出現，如牛樟、山毛櫸、雞油、楠木、烏心石、樹杞、殼斗科植物、紅檜、扁柏等，這些陰性植物必須要在陰暗處找到光線才會發芽，緩慢生長，只要一等到適當的生長機會，就會拔地而起，反過來遮蓋陽性樹種的陽光。最後，整片森林都被可以存活數百年、甚至千年的陰性植物取代，進入較為穩定的狀態，我們又稱為極盛相。

森林的形成通常是經過好幾代的繁衍。

完整的森林不只有高大的數木，還有豐富的底層與地面層等植被。

這就是林相演替，沒有幾百年是沒辦法完成的；也因此，一個具有穩定林相的森林非常珍貴，若是原始林更是需要非常長的時間才能形成。

自然而完整的森林相依照與地面的高度距離分為：①樹冠層（可作生態旅遊、空中廊道等）：三十～五十公尺、②中間層：二十～三十公尺、③底層：五～二十公尺、④地面層：〇～五公尺、⑤地下層、⑥垂直層：包括攀爬類、藤蔓類、⑦突出層：如熱帶森林棕梠樹。

林相演替也可能會發生在都市裡。水泥地或是屋頂飄來一粒種籽，藉著些許土壤與水發芽，即使極少資源，仍努力長成，形成根系、枝葉，於是能捕捉到更多物質，累積更多沙塵，帶來更多生命。如此繁衍幾年後有可能草堆、蔓藤與先驅植物成林，幾十年後遮蔽一切人為痕跡，百年後建物傾頹，都市森林形成。在都市裡有時可見荒廢屋子長滿雜草蔓藤，就是林相演替正進行著！

樸門小辭典

加速演替

如果想要讓土地回復成原始森林，需要人工栽植嗎？山林書院陳玉峯教授計算出台灣低海拔的表土上，每平方公尺隨時都存有一萬粒可發芽的次生草本、灌木或喬木的種籽，例如常見山麻黃，每年可以產生五十萬粒的種籽，只要九年就能長到二十公尺那麼高，這表示台灣在植物種源上並沒有缺乏，所以，人類不用多此一舉，「土地公比人還要會種樹」。

如果想要一塊土地回復自然面貌，最好的方式就是順其自然，別理它。

雖然不去干預，但你可以偷偷的促成，而不是把土地呆放著任其「發草」；可以運用樸門設計的方式，友善的加速演替。在規劃出確定分區後，想要復育林地的四、五區可大量使用豆科與覆地植物種籽施撒在土地上，用來保護土壤；它們能收集陽光、水和養分，轉化為豐富有機質。若土地經由人為破壞過，更可藉此重新建立健康土壤，同時創造有利小型昆蟲、動物生長的環境。

接著建立食物森林，以多層次、多樣性、多年生為主，種植各式可生產食物，或是可幫助其他植物成長的植物，當植物物種越豐富，再引入動物系統。如此建構適合各種動植物生存的環境與土壤，有助自然演替進行。

森林相有多種不同高低層次的分佈

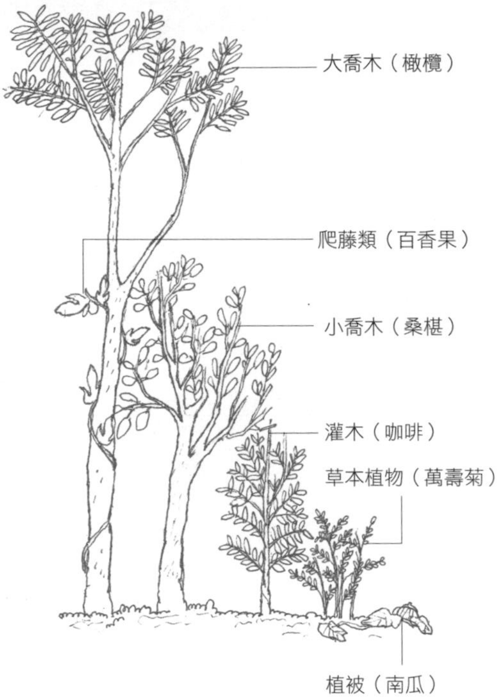

56 收集木材：好用的天然燃料

若能夠設計能源加熱系統，即使住在都市，其實也可考慮使用柴燒的木氣爐，而不是使用瓦斯爐。會這樣說是因為瓦斯往往不是在地產出，經過海運、陸運，分裝進桶，再由瓦斯行阿伯費力的抬起瓦斯桶，風塵僕僕的送到你家，碳里程實在太長了，難以永續。

只要有樹木，就會有許多樹枝，不用刻意砍樹，事實上自然界樹木也有生命周期，也會經歷演替，而這些樹枝就是非常好的薪柴。

在歐洲、北美的冬季，都有許多住在郊區居民，家中的壁爐仍用木材生火以取暖，中國北方也還有用炕的習慣。

如果有機會上山，就能夠順手撿拾殘落的樹枝囤放，一般來說森林底層的潮濕木頭，都需要先經過乾燥之後才適合燃燒；如果住在海邊，可撿拾漂流木來當做柴火。

亞曼小撇步

都市裡的木材收集

劈柴生火本身也是一種廢棄物利用的方法，但是在都市中，公共場所修剪花木產生的枯枝落葉有限，都市綠地也不可以隨意砍伐做為燃料，但可以到一些回收場、建築工地找到適合的木材，經過基本處理後就可以被二次利用。不論公有或私有林地，木材皆不能砍伐，請撿拾地上的零星樹枝，且需獲得同意才能帶回家，以免觸法。

到森林裡撿拾枯枝，可用來當薪柴。

樸門小辭典

環保的自然能源

多數人都已了解石化能源開採背後、使用過程的環境成本，早就不被認為清潔能源，而核能的使用更有禍延子孫的憂慮。全世界都在尋找乾淨、便宜的新能源，但是再還沒有更好的替代能源出現前，運用生物能源可以是選項之一，有人認為直接燃燒木材會造成環境污染，但是，檢視木柴燃燒過程就只是劇烈的氧化還原現象，產生白煙是可燃物中的水分，黑煙是燃燒不完全的碳造成，基本上都還是自然的東西，比起燃煤、燃氣、核能等，都要自然永續。

57 種木耳

樹林枯倒的樹枝，除了拿來生火之外，還可以用來種木耳。

空氣中有很多真菌類的孢子飄散，只要遇到地點合適就能生長，例如樹蔭底下、浴室角落等，偶然可以看到蕈類的生長；原住民的段木香菇，則是要把菌種打入樹幹裡，等待它長成。

種植蕈類有個更簡單的方法，那就是種木耳。只要平時能夠收集一些樹幹，以質地較為疏鬆、冬天落葉的闊葉木較為適合，其中又以油桐木最優，其次血柏、鴨腳木、香椿樹、重陽木，或者是生長很快速的榕樹都可以，截成一段約一公尺高，然後把乾燥的木耳打碎，撒在樹幹上，澆水之後蓋起來，木耳就會自己長了，樹幹記得擺在陰暗處或樹蔭下盡量能維持潮濕的狀態。在一、二月的時候開始種的話，大概到三～六月的時候就

枯倒的粗樹枝可用來種木耳或香菇。

有收不完的木耳了。

58 營造半自然、半人工的半野生區

如果土地上已經有許多「原樹民」，好位置已被老樹們佔去，怎麼樣可以不砍樹又能夠有產出呢？

那就考慮在樹木之間，或者樹蔭底下種植作物吧！例如只需半日照的咖啡樹就非常適合，一來高聳的樹木可幫忙擋風，二來可以遮蔭。台灣樹王賴培元，在山頭種下許多千年樹種，而他的兒子則是在高聳的樹木中間再種下咖啡，開創了「雲道咖啡」的品牌。

咖啡樹下的空間，其實還能夠利用，只要是不需要全日照的植物，不管是山藥、明日葉、地瓜、豆類植物還是一般蔬菜都很適合！在陽光普照屏東縣內埔鄉，有位農友利用了檳榔樹下空間，將網子搭在樹幹上，種出香甜的百香果，這就是一個非常好的例子，告訴大家不用砍掉原有的植物，一樣能夠有收穫。

所謂半自然半人工的環境，其實就要讓我們懂得先來後到的觀念，去思考能不能盡量不去砍除地上的樹木，也能夠達到經濟產出的目標，在自然與人工之間找到一個最適當的平衡，與大自然共存。

思考著如何在人工與自然間找到平衡點，以達共榮共存的理想，是今日人類共同的課題。

森林的價值

至於五區，則是大自然的屬地，任由動植物如何繁衍、來去，人們盡量減少進入，偶爾造訪，也只要當個觀察者就好了。棲蘭山、太平山、玉山等台灣的許多高山森林、國家公園，都是最為珍貴的五區。

沒有森林，土壤會變得乾燥、易發生土石流，這就是森林無形而珍貴的價值。森林會釋放芬多精，不只能產生許多負離子、臭氧，帶來健康好空氣。而多數動植物對環境敏感，無法在人類活動頻繁的地區繁衍生長，森林野地正是多數物種得以繁衍滋長的神聖空間。而隨著世界對碳排放開始重視，森林還有一個很重要的價值，那就是碳平衡。

森林的價值，是沒辦法用公式去計算的，對打造樸門農場來說，這個空間絕對不是浪費，光是以保留生態多樣來舉例，鄰近土地上擁有更多樣的基因譜，自己農地上的植物就更有可能適應各種變化，森林涵養的水分也能夠滋潤土壤，改變微氣候，好處不勝枚舉。對我個人而言更重要的是，這樣的「留白」給了我時時向自然觀察學習的機會，而作為一個樸門人，觀察是一切之始，永遠都要保持好奇，而這塊保留下來不去碰觸的土地，就是相信「師法自然」的樸門人最好的教科書。

日常生活看似與森林無關，不過森林跟人之間，卻是緊密相連。森林這麼重要，但多數人對森林卻沒有知覺，因為現今社會價值觀太過功利，以工具性和是否能折換財富數字的角度衡量，以致「土地倫理」消失。許多人知道野蔓園地租很高後問我：「為何不買一塊地？」。我總會很認真的回答：

「土地不該被買賣。最初它不屬於任何人，但是現在被人持有了，卻是有很多問題。地主賣給我，要背負敗家或無能的名聲；而我自願選擇當農夫，孩子卻不一定想當農夫，到時候不是荒廢土地，就是賣地，因賣地得到財富，對孩子未必是好；現今許多家庭都有上一代老人家做不動田，下一代繼承後面臨同樣問題的困擾。

選擇租地是我現在有能力保護一片土地，所以我盡力，老了沒能力時就讓下一個有能力做的人接手；而野蔓園租金高都能經營下去，證明樸門是有足夠效益的，還創造一個給年輕人參考的模式。」採哲思之語：「子孫若賢，留田何用？子孫若不賢，留田又何用？」

正因為土地如今已變成一種商品被買賣，土地權利的移轉變成財富數字，而不是認同與情感，這是讓人對環境無感的開端！想要照顧土地，友善環境，並不一定要買地；想要

森林與人類生活緊密相連，其價值是無法用公式去計算的。

森林同時提供不同生物棲地。

從事樸門，也不一定要擁有很大的空間才可以。在自己的能力所及的範圍內，你可以找到許多不同的空間，就可以開始以樸門的方式，照顧人類，分享多餘，也照顧地球。

我並非唱高調，一旦用金錢取得了土地，也就改變了人與土地的關係，多數人當做投資，用有土斯有財的觀念強化自身理由；但從古老原住民的觀念，土地、自然本就不屬於人類，我們都是過客，土地會長存，自然不能被擁有，但是可以與之共存，這便是樸門教給我最重要的事。

在大自然的國度裡，動植物自由生長、繁衍。

附錄一、

一定要懂的十五個樸門操作原則

By 唐瑋、陳慧琳

每個地方的風土、氣候、文化、生態都不相同，然而樸門卻能夠在世界上的任何地方被實踐，原因就在樸門是一門活的學問，用「操作原則」取代了細節規定，只要能夠把握這些原則作為思考的指標，就可以因地制宜的規畫出符合樸門精神的設計。

野蔓園與台灣樸門永續發展協會參考兩位創始人所提，以及亞曼向老師Christian學習、彙整而來之外，融入這幾年在野蔓園實踐得來的心得，擁有十五個操作原則：

1. 觀察與互動Observation and Interaction

觀察是一切之本，經過觀察得到經驗，累積就成為文化；觀察後記錄、統計並加以分析，則是科學的基礎。樸門也一樣，不只學習主流的科學和農業，也著重古老的智慧：原住民和耆老的知識，來自長年觀察自然的心得。有些被認為無稽之談，其實是蘊含許多被簡化的知識的經驗談。

我曾向一位老太太學習製作紅糟，老太太耳提面命，經期來的女性，不能碰紅糟。一開始認為這是迷信和對女權的壓制，但是後來在製作經驗中發現，紅糟這類的發酵食品對於菌種和溫度變化非常敏感，女性經期來時體溫會上升，如此小小的變化就對發酵產生了影響。

當現象發生了，樸門人習慣從觀察開始，試圖去理解，找出規律；你會發現缺水的土壤會生長著大花咸豐草，含水的土地長著魚腥草，杜鵑花和茶花盛開在酸性的土壤上，有著銳利邊緣的禾本科植物需要大量的矽等等。透過觀察植物我們就可以知道土壤底下的秘密，就像是土地透過植物來跟我們說話一樣清晰。

2. 獲得產出 Obtain Yield

在樸門的觀念裡，沒有一種生物是吃白食，無論動植物都肩負多種功能，就像雞會翻土、會產出雞蛋、可以陪伴人們；但同樣的，也沒有一件事情或選擇會是做白工，為什麼？只要是符合自然模式，就一定能獲得產出。

但不同於工業化種植的農業，樸門對於產出的要求是，生產結果同時也同樣關注過程。樸門試圖建立的是一個生態系，就像一個真正的生態系一樣，而得到產出可以支持這個系統長久的經營下去。然而，樸門的產出是適度的，是環境和元素和你自己都可以負擔的，符合你所需要的。也因此，大量使用化肥、機械化管理、運用化學藥劑來達到高效率的產出，都是違背原則的。

然而，產出太少可能代表設計上的錯誤。樸門主張每個人都該自己種植可以支持自己生活的產品，多的可以交換分享，建立經濟與社群，支持農場能夠永續經營。

3. 沒有廢棄物 PRODUCE NO WASTE

在自然的設計裡，每一個可能的廢棄物都是其他生物的寶物：動物的排泄物是土壤的黃金，落葉是微生物的食物，腐朽的屍體是其他更小的生物的伙食。大自然中沒有浪費，沒有廢棄物，沒有垃圾，所以人們也不應該製造自然界無法分解和使用的東西。

用乾淨的水沖馬桶時，是否可以不要用乾淨的水去沖馬桶，減少水資源和淨化水資源的能源與成本？花費許多人力蒐集運送垃圾，有沒有更好的方式，讓垃圾成為黃金？你會發現很多東西都是資源：經過發酵的排泄物，廚餘經過發酵和處理都可以成為堆肥。廢油可以回收做成生質柴油，舊木材可以蓋自然建築……。

也因此，這個原則同時也提醒著：對於無法重新回收使用的事物，請減少使用。重複使用你必須使用的塑膠，替他們找到更多的用處，減少購買一次性的消費產品，若不能被重複使用在其他的地方，或是不能被改造並擁有再一次的生命，那你或許該好好考慮購買它的必要。

4. 問題本身就是解答 Problem as Solution

當你遇到問題時，會怎麼應對？正面的人把問題看成一種動力，面對它，解決它，因為我們相信問題克服之後情況會更好。但是樸門教你要進一步思考，把它當作資源，反過來利用它，把它變成改善事務的解答。

農園和庭園裡的雜草是個大麻煩，往往要花上大量的人力金錢來處理，甚至需要動用除草劑這樣傷害土地的化學藥品；但是當你把他們拿來作為護根種植的材料時，他們是你的朋友，滿園子生長的大花咸豐草和長梗滿天星（共匪草）能做什麼？他們能吃，前者是青草茶的原料之一，也能染布；後者可以炒菜做湯，更是破土植物，咸豐草的花可以提供蜜蜂食物來源，長梗滿天星可以用來餵養家禽。當你這樣想時，突然之間你不是有著一園子的麻煩，你擁有了滿山遍野的資源。

5. 捕捉及儲存能源 Catch & Store Energy

樸門的原則希望將眼前的資源盡量都善加利用，為的不只是不浪費，也是以備不時之需。誕生樸門的澳洲，農場常常位在曠野中央，電力、水源都需自己解決，為了能夠度過各種情況和供給所需，捕捉和儲存能源的能力是非常重要的。

樸門對能源有不同的解決之道，是讓每個家庭和單位自己儲存能源，建立分散的系統。例如，若每個人都收集和儲存自己必須的水，那就不需要增建水壩。在家庭裡也可以做許多種能源收集設計：在屋頂使用小型風力發電，或著利用更簡單的方法收集太陽的熱，例如煮飯或是熱水。

另外一種捕捉能源的方式更加簡單：種植植物。植物可以直接將太陽能轉化為能量和物質，透過光合作用保存能量，成為食物、淨化空氣、水土保持、做建材、調節氣候，透過這樣的方式捕捉來到眼前的能源，幫助改善環境。

6. 偏好生物性資源 Favor Biological resources

生物性資源就是讓動植物和微生物等等的生命體來為我們效勞，而不是使用電力、火力等等其他形式來完成目的。樸門會使用生物資源的狀況，多半是利用生物本身的特性，讓生物在自然模式下完成我們需要的工作。

比方說，台灣夏季炎熱，但是透過在屋頂種植花圃等等，就可以有效減低室內溫度；此外，像是利用母雞和豬來翻土、除草也是一種雙贏的生物資源運用。運用避忌種植，像是間重大蒜、茴香科的植物來減少蟲害的生物防治手法，以及運用伴護種植使植物生長得更好，都是生物性資源的運用。

7. 從模式到細節 Design From Patterns To Details

我們在第一個原則學會做任何事先觀察自然，然而觀察結果往往帶領我們發現自然界不變的運行模式和樣式。像河流、樹枝、樹根、血管都是開枝散葉型，海螺、海浪、花苞和蕨類是螺旋型的，此外還有蜂窩型、圓形、圓弧、曲線，各自支持著不同的結構，了解這些模式是設計的第一步，因為每一種模式都有它的作用，像是樹枝和血管是為了傳輸，蜂窩是為了結構，曲線是為了增加接觸面積等等，根據你目的的不同，可以運用不同的自然模式。

當我們先掌握了模式，才能做有效率的設計。就像一塊土地你要收集大尺度的資訊，包含地形、氣候、日照、降雨量，掌握了這個地區的模式，然後才開始進行細部的設計。

8. 小而密集的系統 Small Scale

現代社會人人喜歡做大事，大型企業連鎖店在街上林立的同時，我們也追求和標榜著什麼都要大，大或許是一種成功的標準，但是越大的組織就需要越有效和嚴密的管理來應對任何可能的變化，越大的城市需要花越多時間能量在運輸和溝通。

而樸門追求的是一個小而密集的模式。單位越小，就越容易管理，不管農場、企業、到社會，從小而穩定的單位集結成大的系統，會比一個一開始就追求規模的大組織來得穩定。這是因為小社群有生產而能自給自足，就避免了大組織任何風險都可能影響全局的情況。

同樣的原則也可以運用在種植、設計上。因為，尺度較小，比方說一個人就可以管理的食物森林，在現實運作是比較實際的，所以要經過人為的設計，密集地將需要的植物種植在一起管理，節省在人力管理上的能量浪費。

在小而密集集結成大系統的原則中，也包含了分散風險的概念：只有一條主要河道的河川容易氾濫，但是當它有許多支流時就能分散流量，每條支流都是一個較小而密集的系統，這也是樸門模仿自然規律的一種詮釋。

9. 運用及重視生態多樣性 Use And Value Diversity

當一個基因譜擁有越多的變數時，它就越容易對變化做出反應，物種也越容易生存；同樣道理也被樸門運用在設計和思想上，對樸門而言，重視多樣性不僅指物種保護、基因譜與種子的保存和多樣性種植，也同時在提醒我們，要允許變化，允許不同，允許各種選擇，就像多方面收集資訊，如此一來我們就能對不同的變化做出回應。

可惜的是，工業化農業採單一種植，還會為了某些生長特性做基因改良。美國中西部平原時常綿延數百里都是相同基因的作物，一旦有疾病侵襲或環境變化，這樣的生態系無從應對，也沒辦法從基因中選出能適應變化的後代，也因此需要大量的農藥和化肥作為保護，環境也就付出了更大的代價。

最簡單的避免方式，是同樣的植物種植不同的品種，允許物種自己競爭選拔，保有對抗變化的能力，以野蔓園來說，香蕉有六、七種品種，柑橘也有十幾種品種，就是基於此一原則。此外種源保存也是樸門很重要的一環，我們應該要更謹慎地避免單一種植與物種選擇。樸門的農夫會育種、會配種和授粉，但是我們總是會保留母株來確保這塊地方擁有不同的基因選項，你不會看見只有一種樹木的森林，自然的設計確保了生態系的平衡與穩定，而這也是我們從生態多樣性中學習到的事情。

10. 運用邊際效應及自然模式Use Edges And Value The Margins

樸門人會自己打趣說，我們是一群活在邊界的人。這不是自貶之詞，因為邊際是兩個區域交會時接觸的地方，邊際地帶的資源比任何一個地方都豐富，就像河海交會處的物種，多於河域或海洋一樣；廣大海域中央因為海流與地形，反而少有魚群聚集，然而陸地與海交會處，珊瑚礁、海岸、濕地等地都是物種豐富。邊際效應，便是善用不同場域交會時所產生的資源。

樸門人喜歡使用的螺旋花園，有個指標是利用石頭做為邊緣，堆疊出螺旋型，石頭在白天吸收熱量，夜晚釋放出來，讓土壤保持溫暖，如此一來調整這個花圃的微氣候。

自然中沒有直線這件事情也是邊際效應的一種展現。河水的曲折蜿蜒，植物根部的曲折，都是為了創造越多越好的接觸面積。越多的接觸面積對根系而言代表越多的養分和更穩固地抓牢土壤，對河水而言，越多的接觸面積不只可以養育更多的生態，也可以讓河水停留在地表地時間增長，減緩流速。

11. 整合成相對位置Relative Location

我喜歡用童謠「我家門前有小河」來說明相對位置這個原則。「我家門前有小河，後面有山坡」，在台灣冬天有東北季風，夏季吹西南風，所以我家的座向是背東北、向西南，如此冬天有背後山坡擋住冷風，而門前小河，在夏季西南風吹拂時，湖面蒸發讓水氣濕潤，達到降溫效果，就是一個非常簡單的運用相對位置的設計。

這也是農場分區最基本的原則，例如一區麵包窯、房子、雞舍、菜園，如何安排它們的相對位置，讓麵包窯的草木灰能就近在菜園使用，而如何讓雞能很快參與菜園的翻土⋯⋯。放置你的元素，讓他們創造有作用，又能節省時間的連結。這些元素串聯後不再是個別的元素，而是成為一個健康又具有多樣性的生態系統，

12. 單一元素多功能Every Element Is Supported By Many Functions

每一個元素都能成為一個小的系統，每一個系統各有它功能和運作的方式，但是要怎樣讓一個元素在設計中展現出它的多重用處，就是樸門設計師的功課。

樸門農場裡最典型的「單一元素多功能」案例就是養母雞了。一隻母雞不單只是單一元素，牠可以生產雞蛋，提供雞肉，除此之外，還可以除草、吃蟲，可以幫忙鬆土，糞便可以做為天然的肥料，羽毛可以裝飾，聰明的母雞會成為家庭的陪伴；把母雞圈養在特定的範圍然後定時移動這些圈養區，就可以毫不費力地開始準備播種。這些不需要人們特別教導，牠們只是在做自己的事情。還有，麵包窯是元素，同時具有提供飲食、娛樂、溫暖、灰燼等功能，並成為園區的一部分。

每一種元素都有著各種各自能完成的事情，樸門設計師會利用這些的特性來為自己工作，順勢而為；被到處放養的雞

很快樂，設計師也很輕鬆，這個原則被設計來尋找自然界中的雙贏。

13. 一種目的由多種元素完成

在樸門的設計中，你很少看見把達成一個目標的方法，全部押在單一元素或設計上。一個好的設計會包含多種元素，就會變得比較穩定。最簡單的例子是我們提過的雨水收集，原本只是單純的水元素，只要在收集桶加上黑色塗漆、放在有陽光的地方，就可以輕鬆把另一種元素包含進設計當中：收集熱能的目的融合在集水設計中。另外，堆肥發酵也會產生熱能，可以做為寒冷地區做為育苗溫室的熱能來源，如此一來熱能收集和土壤和植物相結合。收集熱能這件事，經由多方管道同時進行，而不是完全依賴柴薪生火產生熱能。

這樣的設計不只讓一樣目標有多重來源，也讓雨水、土壤等元素也參與了熱能的收集。於是在設計過程中，你會遇到許多元素或系統會彼此交互作用，大家同時在保存水源上貢獻，或者在收集能源時參一腳，其他在保存生態多樣性、保存原生地景、養殖等功能上，也都有這樣群策群力的情況，這樣的樸門農場，創造出一個穩定、不容易被外來因素所改變和影響的系統。

14. 加速演替

樸門的開始是模仿自然模式，也因此會依循著自然時序來完成各種事物。但是，有時我們可以透過設計來幫助循環加速，使得生產更加有效，管理更加容易。

透過人為的篩選，像是扦插、授粉、修剪等等的行為都可以提升效率。然而在時間更長、範圍更廣的時候，雜草就是一種加速演替的方法；在開墾土地時，我們讓雜草生長，捕捉陽光和養分，然後將這些雜草砍下放在原地讓其腐化，如此一來，陽光和土壤的營養就會形成有機質，也會形成小型的生態，穩定酸鹼值、溫度和濕度。這在自然的狀況下須要花上更長地時間才能完成，但是透過一些幫助，我們可以加速這個循環，使土地更快地得到需要的養分來建立一個生態。

15. 美一點會更好

美使人愉快，使人心情放鬆；能激發人們的創造力，帶來正面的能量。我們從人類的歷史中可以學到，美對人產生的作用不是功利的，沒有什麼非做不可的理由，讓人陶壺加上裝飾或彩繪，也沒什麼必然需要的作用，使人不得不在岩壁上塗鴉自己狩獵的經過，然而這些卻成為人們表現一種精神層次和心理層次，讓人愉悅而正向且影響長遠的事物。

一點小裝飾、一些顏色、一點變化，這些額外的心思享受生活的一切的開始；舒適一點，好看一點，讓這成為你的生活，讓其他人、你自己和社群都能喜歡你所熱衷的事情，讓每個人都能感受到一樣的享受。

附錄二、

農業，是問題也是希望：屏東縣長潘孟安專訪

By 編輯部

日本NHK電視台近日以農業與鄉鎮現況為故事背景，拍攝一連五集的連續劇《限界集落株式會社》，劇情真切地詮釋日本農村包括人口外移、人口老化、農田廢棄、糧食危機、公共資源與醫療缺乏等問題，讓更多人重新認識農業的價值與重要性。

這部影集播出後引起不少迴響與共鳴，因為，類似情況也發生在屏東。人口外移和老化讓許多農村缺乏勞力而廢耕，而後台灣加入WTO之後政府政策性的降低糧食生產，再加上土地開發利益讓農地快速消失，農民必須和外來的大宗農產品低價競爭，讓農業的發展更是雪上加霜。

這樣的發展使農民為了得到穩定的收穫，於是給予農作與禽畜大量的化學肥料或除草劑、生長激素等藥物，以尋求在固定空間內將栽種與養殖量增加到最高；另一方面，高密度的栽種養殖最怕傳染病，所以又施予抗生素、福馬林等等藥劑或防腐劑，這些肥料農藥殘留在食物進入人體，或者留在土壤、水體污染了環境。這和現代人追求，健康、安全、永續、無污染的飲食與生活型態是背道而馳的。

從傳統產業，走向有機、健康的「食產業」

當農民能夠穩定獲利，才會產生環境認同；了解到環境好，對他的生活、農產品質也都好，若養出高品質的蔬果水產卻無法得到適當的回饋，還必須提高產量、與低價品競爭，是很難說服農民還要進一步走健康無毒有機栽植的。

近來健康安全農業越來越受到重視，無毒農產的需求日增，為了驗證品質而出現的各種認證，立意雖好，但是在實務的運作並不是理想的方式。既然要推動有機無毒，同時就要建立好的配套，嚴格執行生產履歷，過去農政單位推行農漁生產履歷一段時間，農民好不容易學會如何記載，但二〇〇八年之後走回吉園圃，是非常可惜的決定，因為過多的認證反讓農民無所適從。檢驗費用非常昂貴，在台灣大多是小農，根本難以負擔，已有地方政府思考推動農處產品檢驗中心，協助農民解決。

三級農業六次方的新紀元

台灣農業產值最大的屏東縣正進行一個啟動農業綠經濟的小革命，也就是以永續農業做為經濟主要來源、並兼顧環境生態的維護，以讓縣民可以進入永續幸福生活。

在全球能源日趨匱乏之下，各國都在追求安全飲食、糧食自主，因此台灣農業更要堅守永續的核心價值，縣長潘孟安說，政府採取對地補貼的休耕政策是非常消極的，不但缺乏安全糧食規劃，以致台灣糧食自給率過低，也造成農地閒置過多，對產業、對環境都沒有好處。

加上過去幾年來食安問題接連爆發，引發國人關注的飲食安全問題中，基改作物、瘦肉精肉品、進口茶葉（越南落葉劑）等也都引起可能健康風險的憂慮。民眾已經意識到，糧食依賴進口等於把國人的健康與生存命脈掌握在他人手裡，也開始選擇國產的優質農產品，而健康無毒農業不但是發展農村綠經濟的核心，還是永續生活最重要的安全瓣。

在潘孟安的構思裡，首要打破種菜養豬的窠臼，跨越各級產業的最新經濟型態：農家的收入可以來自第一產業的耕種、收成；也可以是第二產業的農產品加工；更可以包括農產品的包裝、銷售，以及生產過程的實作體驗、生態導覽、環境教育、觀光餐旅服務等，各種活潑型態的第三產業。

他認為，以目前屏東農業基礎，要成為支撐縣民穩定生計的經濟模式，細緻度還不足夠，必須把農業的縱深拉開，須更均衡而常態的提升產值。

核心課程培養新農業生力軍

用來點燃綠經濟的發動機是今年六月開始招生的農業大學，不同於農改場的農民學院課程以作物的專業技術為主，農民大學要學員把農業當作一門事業，要學會生產、要產品銷售或提供服務、要財務平衡，想要投入的人可以先算好如何能照顧生計，永續經營，在專業上有屏東縣政府和屏東科技大學提供全力支援。

第一期開辦三種班次，「核心班」主要著重在農業生產的基礎技術，除了栽培技術、肥料與病蟲害、有機農業等基本實務；「專修班」則是研習經營農場衍生的各種技能，例如財務與成本、包裝與加工、衛生法規、產品行銷，甚至貸款融資分析。而上過「核心班」或「專修班」的學員可以接下來參加進階的「實務班」，到農場、合作社、產銷班作生產規劃、生產管理和銷售等實務的實習。

潘孟安希望農業大學不只是學習的場域，同時還是個平台，讓有心從農者，以及已經在農業領域而願意自我提升的種子，在這裡成為一個社群，彼此可以找到老師，可以找到夥伴，可以自主成立合作社、並可以連結到各種資源；例如縣府和農信保基金合作，協助結業學員取得融資貸款，如果沒有土地可以耕作，也會媒介和台糖承租土地。

農民大學帶動青年返鄉務農

今日農村務農者的平均年齡超過六十歲，高齡化問題十分嚴重，因此，農業大學目標對準了青年農民和想中年轉職的族群，希望吸引對農業有憧憬，或者能投入相關設計、行銷、創意工作的青壯人口回流，除了彌補勞動力流失的問題，同時藉由年輕人的創意與活力，創造更豐富的面貌。而以往人口老化所衍生的醫療、照護問題，也將在青年返鄉之下趨緩。青年不用擔心經濟問題，可在開創事業外同時多照顧、探視父母，農忙之餘，老父母也能幫忙帶看兒孫。

青壯世代有能力多元經營農業，和有經驗的農夫合作耕作，再附加經營的見學旅行、打工換宿、農事體驗等，甚至能增加在地就業，創造在地經濟。如此一來農業可以不只是農業，鼓勵透過經營事業還可以達成社會公益目標，從農獲益的同時還能關心社會或是社區。例如，農地可附加推動成立觀光農園、推展環境教育，宣傳環境永續的理念；又或者可聘請社區弱勢者擔任民宿或餐廳工作、製作或販售農產品加工等。

建立品牌，放眼國際市場

在這之前，從小在鄉下長大的潘孟安非常了解多數農民只懂得生產，不懂包裝銷售的困境，加上現行制度下品牌紊亂，低價進口貨、次級品混充，以致於到處都有「恆春洋蔥」、隨處可見「枋山愛文」的情況比比皆是。農產品價格受制市場，生產者沒有獲利，但消費者買到的卻是高價品。

二〇〇三、二〇〇四年間，九如檸檬產量非常好，品質也沒話說，但是檸檬農卻欲哭無淚，因為價格跌到一公斤剩下一塊錢，連採收都要賠錢，滿園檸檬只好任其荒廢。豐收盛產原本應該是大自然的恩賜、對農民的獎賞，這種情況下卻是極其諷刺的浪費。而且，從消費者的角度看，也沒能享受到便宜又鮮美的檸檬。

在這次經驗之後，潘孟安認為應思考的是如何不再重蹈覆轍，因此藉由縣府的協助，讓農民透過和學術單位合作研究，加工製做酵素、肥皂、萃取精油，此舉不僅提升檸檬的價值，更讓這十年來的價格都維持穩定的相對高檔。

此外，他進一步要求縣府同仁著手盤點清查屏東的氣候環境適合哪些植栽、畜牧水產，紀錄產地、產季的分布後，推動產業調控，避免某些農產因為高單價引發搶種，然後成為產業的風險和負擔。並成立屏東國際農產運銷公司，作為屏東縣產的品牌認證，政府不只幫忙建構國內通路和促銷，也會協助從產地檢驗到產品包裝，然後把農產推展到國外市場去。

目前屏東苦瓜、甜菜外銷已經進入新加坡、加拿大、日本、韓國、中國和香港市場，而花卉甚至打入中東。潘孟安強調，「我們的戰略是不讓國內農產品自相殘殺，而是放眼世界，由點到線而面。」

加入在地元素的亮點觀光

今年屏東的彩稻藝術節得到熱烈的迴響，短短一個月就帶來了五十多萬人次前來，這次活動只是運用創意，將傳統農業加入文化藝術與科技元素變成稻米彩繪，成功帶來很大的動能，因為這段期間帶領參與者記載稻米成長過程、理解從插秧到敬天謝地的稻米文化、水稻如何在無污染環境下才能成長……都是環境教育的一環。除此之外，停留期間產生了住宿餐飲和解說服務等消費，也把周邊的產業帶動起來。

就如同台東的金城武樹為地方帶來了難以估算的觀光效益，不只是農產，農村風貌本身就能創造經濟，但潘孟安表示，屏東要的不是只有表象的景觀，而是要把農產生產的「生計」、屬於農民文化的「生活」、以及農村自然環境的「生態」穩固結合的農業完整風貌，因此，縣府也在研擬將屏東的農村、自然生態、人文風貌結合觀光、農場導覽、自然解說、農食體驗、換工旅遊等，讓更多民眾認識並了解永續農業的核心價值。

潘孟安深知土地是產業的根本，任其休耕荒蕪是最大的浪費，也可能造成良田的流失，對於還沒有進入耕作的閒置土地，縣府也積極規劃種植可發展生質能源的原料，或者給予基本的綠美化進行涵養，讓土地能持續保持生機。

附錄三、

【二〇二二增訂版】相關影片連結與 QA

Q1 城市中的陽台適合養雞嗎？
雞、魚、菜有可能在家中陽台共生嗎？

Q2 在 PM2.5 超標的都市建築頂樓，栽種蔬菜水果，
受到的污染，會比市場購得的少嗎？

Q3 請問現在很夯的魚菜共生，要如何架構，降低失敗率呢？

Q4 可以烤麵包、pizza，還可自然烘乾茶葉、蕃茄、
果乾等農產加工品的「中型麵包窯」製作方法

Q5 中型麵包窯「基座」製作方法

Q6 中型麵包窯「土條」製作方法

Q7 中型麵包窯「火膛」製作方法

Q8 中型麵包窯「窯體」製作方法

Q9 中型麵包窯「開窯」技巧說明

Q10　在都市種植，土要從哪裡來？

Q11　堆肥造土：垃圾也能變黃金（蚯蚓堆肥、碳氮比）

Q12　家庭雨水回收、過濾裝置：簡單處理就能使用的軟水

A　雨水收集起來，除了省荷包外，最大的優點是不含氯，且屬於軟水。軟水是洗滌的最理想媒介。

陽台、屋頂是最適合做雨水回收的地方，沿著屋簷下裝設集雨排水管，用斜角板或天溝增加接觸降雨面積，將水沿著斜角引到儲水桶裡。常見使用塑膠水管來製作，因為這項設施很簡易，也可以自己動手做。用廢棄的寶特瓶、鋁罐等，裁切成半圓形，切除兩側底部，前後接合起來，沿著窗簷或屋簷吊掛，就是廢物再利用又兼具獨特性的集水管，最後再加裝個引水裝置，將雨水引到收集桶內（見本書一三七頁）。

Q13　水資源再認識：中水處理

A　中水（Reclaimed water）：中水就是可以再度使用的水，主要來源為生活清潔廢水，包括洗手水、洗碗水、洗澡水、洗衣水等。

每個家庭裡的廚房、廁所、陽台等每天都會產生許多中水，這些中水收集起來，可以用來灌溉植物、沖馬桶、洗車等。再生使用的方法都很簡單，只要在洗手槽、洗衣機的水管動動手腳，轉接到回收桶，同樣的，除濕機的水、冷氣機排放的水，一併收集起來都可再利用（見本書一三五頁）。

Q14 廢輪胎集水渠

Q15 動物系統：動物與植物的關係

Q16 動物系統：動植物分工同樂

Q17 TED 演講：野蔓園緣起

A 二〇〇四年，我一個人從野蔓園開始實驗、體會，近年來更在社區大學及野蔓園及全國各地開設「都市樸門綠生活」相關課程。相對於十多年前的有機推廣所遭遇的反彈與抗拒，現在確實愈來愈多人肯定無毒栽種的價值，也逐漸積極想要學習種植或自己動手做做看。

樸門綠生活是一種生活態度和實用設計，農耕只是其中一個環節。

例如，樸門的設計操作原則中，第一條是觀察與互動，人必須用心體會土地周遭風、樹、植物、動物等等一切，並體系思考如何互相對待，這樣的生活設計，才可能與環境建立友善關係。

例如，樸門強調善用既有資源，務必做到最可能少的輸入（有多少水就種什麼？植物盡量自己留種子繼續栽種；利用廚餘雜草做堆肥自足；撿拾枯枝、使用火箭爐煮菜…）。在野蔓園的樸門實踐，幫助學員在最短時間學會，只要用雙手就可以照顧自己、照顧別人。並且珍惜、善用所有資源；包括不製造垃圾（無法回收使用的資源）、請每個人將自己的垃圾帶回家。

亞曼的樸門講堂

Permaculture with Yamana

Design for Sustainable Living: Ensuring the Money You Make Fosters a Better Planet

Green Life 032 綠色生活

懶人農法・永續生活設計・賺對地球友善的錢【二〇二二增訂版】

作　　者｜亞曼
整　　稿｜吳文琪、吳比娜、唐瑋、陳慧琳、陳柏銓、張倩瑋
特約編輯｜張倩瑋
手繪插畫｜陳柏銓、張志聰、游爵謙、葉純蓉、蕭采妮
照片提供｜亞曼、陳柏銓、張倩瑋
美術設計｜楊啟巽工作室

責任編輯｜莊佩璇、何喬
編輯顧問｜洪美華

發　　行｜幸福綠光股份有限公司
地　　址｜台北市杭州南路一段 63 號 9 樓
電　　話｜(02)2392-5338
傳　　真｜(02)2392-5380
網　　址｜www.thirdnature.com.tw
E-mail｜reader@thirdnature.com.tw

印　　製｜中原造像股份有限公司
初　　版｜2015 年 8 月
四版一刷｜2022 年 1 月

郵撥帳號｜50130123 幸福綠光股份有限公司
定　　價｜新台幣 650 元（平裝）

ISBN｜978-626-95078-1-8

總經銷｜聯合發行股份有限公司
新北市新店區寶橋路 235 巷 6 弄 6 號 2 樓
電話｜(02)29178022
傳真｜(02)29156275

國家圖書館出版品預行編目 (CIP) 資料
亞曼的樸門講堂：懶人農法・永續生活設計・賺對地球友善的錢 / 亞曼著 -- 四版 . -- 臺北市：幸福綠光發行 , 2022.1
面；　公分　ISBN 978-626-95078-1-8(平裝)　　1. 永續農業　2. 生活態度
430.13　　　　110018247